中等职业教育西餐烹饪专业教材

西餐原料知识

邵泽东 ◎ 主编

中国轻工业出版社

模块一

西餐原料概述

知识目标

1. 掌握西餐原料的概念。
2. 了解西餐原料的特点。
3. 掌握西餐原料的分类情况。
4. 了解西餐原料的保管方法。

能力目标

1. 能科学、完整地描述西餐原料的概念。
2. 能讲述西餐原料的发展情况。
3. 能熟练地对西餐原料进行分类。
4. 会很好地保管西餐原料。

任务1 西餐原料的概念和特点

【任务导入】

1. 什么是西餐原料？
2. 西餐原料有什么样的特点？

【知识储备】

一、西餐原料的概念

西餐原料是指在制作西餐过程中使用的各类烹饪原料，西餐原料按类型可以分为畜类、禽类、水产类、谷类、蔬菜果品类、蛋乳类、调味品类。

二、西餐原料的特点

西餐主要是指西方国家的餐食，包括俄式烹饪、法式烹饪、美式烹饪、英式烹饪、意大利烹饪、德式烹饪等。在西餐中，肉类原料的使用以牛肉、羊肉、鸡肉、海鲜为主，在蔬菜类原料的使用上偏向西蓝花、芦笋、番茄等，调味料的使用以沙拉酱、黄油、乳酪、橄榄油、香草等为主。

西餐烹饪中对原料的选择也是十分讲究，一般会根据原料的特点，选择最佳的烹调方法来烹制，最大限度地展现原料的品质特点。

1. 根据菜品的特点，选择和使用最佳原料

在实践中，会根据菜品的特点来进行西餐原料的选择和使用。如在制作主菜的时候，一般会选择畜肉、禽肉和海鲜等蛋白质丰富的原料，这样能基本上符合西餐中对主菜的要求——分量大、营养丰富等。

2. 注重原料的品质和要求

在西餐中，对烹饪原料的选择要求比较高，如在选择畜类、禽类、水产类原料的时候，基本不会选择这类原料的内脏或头、蹄、爪等部位。

3. 讲究原料的新鲜度

西餐对烹饪原料新鲜度的要求非常高，如在制作蔬菜沙拉时要求蔬菜必须新鲜；在制作沙拉酱时要求使用的鸡蛋等原料必须新鲜。新鲜的烹饪原料是菜品营养、质地、口感呈现最佳状态的保障。

4. 乳制品的使用量大

在西餐制作过程中大量使用乳制品，这是西餐的一个重要特点。西餐使用的乳制品非常多，如鲜乳、奶油、黄油、乳酪等，其中乳酪的品种就有百余种。

5. 注重使用香草和香料

在西餐制作中，香草和香料的使用是又一个特色。香草和香料在西餐中有着举足轻重的地位，可以在保持菜品原料品质的基础上，使菜品更加美味。在西餐中常见的香草和香料有百里香、月桂叶、罗勒、莳萝、肉豆蔻等，在香草的使用上有的直接使用新鲜的，也有的使用干燥处理后的香草。

任务2 西餐原料的分类

【任务导入】

1. 为什么要进行西餐原料的分类？
2. 西餐原料分类的原则是什么？
3. 西餐原料的分类方法有哪些？

【知识储备】

西餐原料种类繁多，分类方法各异。为了能够使西餐原料的分类体系更加科学化和系统化，为了能够更好地、科学合理地使用西餐原料，对西餐原料进行科学分类是十分必要的。

一、西餐原料分类的实际意义

1. 有利于全面地认识西餐原料

通过合理的西餐原料分类，可以更好地了解各类西餐原料的特点，将研究的对象从单一西餐原料的个性特点转向每类原料的总体特征。

2. 有利于科学合理地使用西餐原料

通过西餐原料分类，可以运用西餐原料的内在规律，合理地使用西餐原料，充分发挥西餐原料的特点和性能。

3. 有助于西餐原料管理的规范化

西餐原料的种类较多，加强西餐原料的科学化和现代化管理，利用计算机技术，为西餐原料的科学分类提供有利条件，加速西餐原料管理的现代化进程。

二、西餐原料分类的原则

1. 系统性原则

系统性原则是指在选择西餐原料的分类方法时，按照原料本身的自然属性和某种本质作为统好地保留原料的风味品质。

（2）慢速冷冻　是把温度逐渐降低至0℃以下，这种方法容易使原料出现脱水现象，解冻后，会失去原料的风味品质。

无论是快速冷冻还是慢速冷冻，原料在储存过程中都会失去一定水分，也会使原料的风味、色泽、营养成分及外观发生变化。因此，低温储存也有一定的储存期。在冷冻、冷藏原料时，可用保鲜膜或塑料袋将原料包裹起来，或置于水中冷冻，这样可以延长原料的储存期。

冷冻的原料在使用时，首先要进行解冻，不适当的解冻方法会直接影响原料的质量。一般以自然解冻为好，但自然解冻时间较长。常用的解冻方法有水解冻法、微波解冻法等。

二、高温储存保管法

高温储存保管法是对原料进行加热处理后再进行储存的一种方法。此种方法适用于部分动、植物性原料的储存，但原料加热后其风味品质会发生变化。原料经过加热处理后，绝大多数微生物被杀死，细胞中的酶也会因加热而失去活性，原料自身的新陈代谢终止，从而达到储存的目的。根据加热温度的高低，可分为高温灭菌法和巴氏消毒法。

1. 高温灭菌法

高温灭菌法是指利用高温加热（一般为100～121℃）杀死原料中的微生物，破坏酶的活性，从而起到储存效果的一种方法。一般情况下，多数腐败菌和病原菌在70～80℃条件下经过20～30分钟的加热可杀死，但是已经形成孢子的病菌，因其耐热性增强，须在100℃条件下经30分钟或更长时间才能杀死。

2. 巴氏消毒法

巴氏消毒法是法国生物学家巴斯德发明的，是指在60℃下加热30分钟而杀死微生物的方法。这种方法温度较低，只能破坏或杀死微生物的营养细胞，但不能杀死它们的孢子或芽孢。而也正因为温度较低，才能最大限度地减少加热对原料品质的影响。此方法主要适用于啤酒、鲜乳、果汁、酱油等的储存。随着科学的发展，巴氏消毒法又出现了低温长时间杀菌法、高温短时间杀菌法和超高温瞬间杀菌法等。

三、干燥储存保管法

干燥储存保管法又称脱水储存保管法，是用晒、晾、烘等方法将原料中的大部分水分去掉，从而保持原料品质的一种方法。此方法适用于大部分动、植物性原料。在过去，保鲜技术不高明的情况下，很多名贵原料均采用这种方法进行储存，即我们所说的干货原料。这种方法是由于原料中的水分减少，原料细胞中的糖、酸、蛋白质等内含物的浓度升高，渗透压增大，使微生物的生长和繁殖受阻。由于水分减少，微生物也失去生长繁殖的条件，使微生物处于休眠状态；同时由于水分减少，原料中酶的活性减弱，新陈代谢下降，从而达到储存的目的。脱水后的原料体积缩小，重量减轻，便于运输和储存，但要注意不要储存在潮湿的地方。根据干燥的方法不同，干燥储存保管法可分为自然干燥和人工干燥两大类。

1. 自然干燥

自然干燥是利用自然界中的能量去除原料中的水分，如日晒、风干等。这种方法成本低，但干燥时间长，易受污染。

2. 人工干燥

人工干燥是借助一些设备，利用热风、蒸汽、减压、冻结等方法除去原料中的水分，如乳粉、蛋粉等。这种方法时间短、不受天气影响、无污染，但加工成本较高。

四、密封储存保管法

密封储存保管法也称隔绝空气保管法，是指将原料严密封闭于一定的容器中，使其和空气、日光隔绝而储存原料的一种方法。此方法主要是使原料隔绝空气，防止原料被污染和氧化，同时对嗜氧微生物有一定的抑制作用。这种方法适用于大部分动、植物性原料，如各种罐头等。

密封储存保管法储存的原料，有的需要加工前高温杀菌，有的经过一定时间的密封，风味会改变。

五、盐腌储存保管法

盐腌储存保管法是利用食盐对原料进行加工后储存的一种方法。这种方法是利用食盐的渗透性产生高渗透压、降低水分活性的作用，使微生物脱水而发生质壁分离、蛋白质变性，使微生物难以生长繁殖，同时抑制原料中酶的活性，从而达到储存的目的，这种方法适用于大多数动、植物性原料。

经过盐腌的原料由于食盐的浓度不同，储存的效果也不同，是因为不同微生物对各种盐浓度的抵抗力也不同。一般来说，5%的食盐浓度可抑制一般腐败菌的活动；10%以上的食盐浓度可保持原料不致腐败。

尽管用盐腌制后部分维生素、矿物质会随水分析出而流失和被破坏，同时会使动物性原料的肌纤维变硬，但盐腌后会产生特殊的风味，因此被广泛应用。

六、糖渍储存保管法

糖渍储存保管法是利用食糖对原料进行加工处理后储存的一种方法。这种方法是利用糖溶液的渗透性，使原料失水并降低水分活性的作用来抑制微生物的生长繁殖，以达到储存原料的目的。这种方法主要适用于植物性原料，如蜜饯、果脯等。

一般来讲，糖浓度达50%以上就可以抑制微生物的生长繁殖，但在酵母、霉菌中存在着“耐糖”种类，应引起注意。

经过糖渍的原料，储存效果好，且能产生特殊的风味，改善原料的品质。

【模块测验】

1. 什么是西餐原料？
2. 西餐原料有什么特点？
3. 西餐原料为什么要分类，可以分为哪几类？
4. 西餐原料保管的方法有哪些？

模块二

畜类原料

知识目标

❶ 掌握畜类原料的概念。
❷ 了解畜类原料的特点。
❸ 了解畜类原料的保管方法。

能力目标

❶ 能科学、完整地描述畜类原料的概念。
❷ 能讲述畜类原料的发展情况。
❸ 能熟练地对畜类原料进行分类。
❹ 会很好地保管畜类原料。

项目一
牛肉

【项目描述】

本项目主要是学习牛肉相关知识内容，为进一步学习西餐烹饪奠定基础。

任务1 牛肉概述

【任务导入】

1. 牛肉在人们日常生活中的地位如何？
2. 西餐中常用的牛的品种有哪些？各有什么特点？
3. 牛肉的各部位有何特点？
4. 牛肉各部位的烹饪用途有哪些？

【知识储备】

牛肉在西餐中的地位非常高，是世界第三消耗肉品，约占肉制品市场的25%，落后于猪肉（38%）和家禽（30%），美国、巴西和中国是世界牛肉消费前三的国家。

一、牛的品种

西餐中常用的牛肉品种比较多，比较著名的品种有安格斯牛、和牛、夏洛莱牛、利木赞牛等，这些品种的牛肉品质，要远远高于那些主要用于生产牛乳的奶牛品种。

1. 安格斯牛

安格斯牛是美国、英国、加拿大、新西兰和阿根廷等国的主要肉牛品种之一，在美国的肉牛总数中，安格斯牛占近3/5。安格斯牛起源于苏格兰东北部，1800年左右开始被单独识别出来，作为优种肉牛进行饲养。安格斯牛自1873年引入美国后，相继在澳大利亚、加拿大、新西兰、智利、阿根廷等国被广泛饲养。安格斯牛的品质相当出色，油花分布均匀，瘦肉和油脂巧妙地相互交织，使得肉质十分细腻，鲜嫩多汁。

安格斯牛

2. 和牛

和牛是日本从1956年起改良牛品种中最成功的品种之一，是从雷天号西门塔尔种公牛的改良后裔中选育而成，是全世界公认的优秀肉牛品种。日本的和牛从高到低共分为五个等级，即A5、A4、A3、A2、A1。A3以上级别的牛肉就可以看见大理石状的纹理分布，其中A5级的和牛是顶级的。对和牛等级的判定有着严格的过程，从大理石纹理的分布状况、肉质的颜色、松弛程度等都会逐一进行评判，最重要的还是看大理石纹理的分布状况。

和牛

3. 夏洛莱牛

夏洛莱牛原产于法国中西部到东南部的夏洛莱省和涅夫勒地区，是举世闻名的大型肉牛品种，自育成以来就因生长快、肉量多、体型大、耐粗放而受到国际市场的广泛欢迎，早已输往世界许多国家。

夏洛莱牛

4. 利木赞牛

利木赞牛原产于法国中部的利木赞高原，并因此得名。在法国，其主要分布在中部和南部的广大地区，数量仅次于夏洛莱牛，育成后于20世纪70年代初，输入欧美各国，目前世界上许多国家都有该品种牛的分布，属于专门化的大型肉牛品种。

利木赞牛

二、牛肉的部位

在实际应用中，根据牛肉的部位来划分，不同部位的牛肉名称也不同，常见的部位名称有米龙、里脊、胸肉、眼肉、上脑、肋排、臀肉、肩胛肉、腰肉等。

此外整牛经过分割加工处理后，有牛内脏和附属品，如牛肺、牛心、牛肝、牛肾、牛胃、牛脾脏、牛尾、牛舌等。

中，直接将牛肉放进冷藏室，这种方法一般可以保持牛肉的新鲜度两天左右。

2. 食盐保鲜法

将牛肉平铺在案板上，然后用食用盐均匀地涂抹在牛肉的表面，一般腌制三天左右的时间，这样的牛肉可以保鲜一周左右。但需要注意的是，每500克的牛肉大约需要20克的盐，盐过多也会影响牛肉的风味。

三、牛肉的储存

1. 短期储存

如果牛肉在短期内就能食用完，那么在冷冻的时候注意温度保持在0～4℃是最合适的。

2. 长期储存

如果牛肉需要长时间地保存在冷冻柜中，选择−18℃这个温度是最合适的。因为温度太低了会破坏牛肉的肉质和营养。

项目二
羊肉

【项目描述】

本项目主要是学习羊肉相关知识内容，为进一步学习西餐烹饪奠定基础。

任务1 羊肉概述

【任务导入】

1. 羊肉在人们日常生活中的地位如何？
2. 西餐中常用羊的品种有哪些？各有什么特点？
3. 羊肉的各部位有何特点？
4. 羊肉各部位的烹饪用途有哪些？

【知识储备】

一、羊的品种

羊是偶蹄目牛科羊亚科绵羊属、山羊属等动物的统称。羊的体积小，重量大约只有牛的1/10，再加上天生易于牧养，绵羊和山羊是较早被驯服的动物。

波尔山羊

目前世界上羊品种有800多个，分为山羊和绵羊两大类。其中山羊又分为普通山羊、绒用山羊、裘皮山羊、羔皮山羊、肉用山羊和乳用山羊六类；绵羊又分为粗毛羊、肉脂羊、裘皮羊、羔皮羊、细毛羊和半细毛羊六类。在西餐中比较常见的羊品种有波尔山羊、夏洛莱羊、杜泊绵羊、萨福克羊、无角道赛特羊、肉用美利奴羊等。

冻，并在−18℃左右贮藏。

2. 辐射保鲜贮藏法

羊肉的辐射保鲜贮藏技术的杀菌机制是，利用放射源发出的能量以电磁波的形式透过物体，当物质中的分子吸收辐射能量时，会被激活产生离子或自由基，引起化学键断裂，使物质内部的结构发生变化；同时对细菌细胞中的遗传物质造成损伤，从而损害整个细胞体，影响其正常发育和新陈代谢，杀死肉品表面和内部微生物。此技术具有应用范围广、节约能源、高效、可连续操作和易实现自动化等特点。经过辐射保鲜及贮藏的食品既卫生又美味可口，辐射后的食品不会留下任何残留物。

3. 干燥贮藏法

干燥贮藏法也称脱水贮藏法，主要是使羊肉内的水分减少，阻碍微生物的生长发育，达到贮藏的目的。

项目三
猪肉

【项目描述】

本项目主要是学习猪肉相关知识内容，为进一步学习西餐烹饪奠定基础。

任务1 猪肉概述

【任务导入】

1. 西餐中常用猪的品种有哪些？各有什么特点？
2. 猪肉的各部位有何特点？
3. 猪肉各部位的烹饪用途有哪些？

【知识储备】

猪又名豕、豚等，是偶蹄目猪形亚目猪科野猪属的野猪经驯化选育获得的主要肉用家畜。现在一般认为猪是猪科的简称。猪的品种不同，体貌特征也各不相同。但通常以耳大、头长、鼻直、腰背窄为主要形体特征。毛发较粗硬，根据品种不同，分为白色、粉色、黑色、棕色及花色。

猪肉是西餐中常用的原料，尤其是德式菜肴对猪肉更加偏爱，其他欧美国家也有不少猪肉菜肴。猪在西餐烹调上有成年猪和乳猪之分，乳猪是指尚未断奶的小猪，肉嫩色浅，水分充足，是西餐烹调中的高档原料，成年猪一般是以饲养1~2年为最佳，其肉色淡红，肉质鲜嫩、味美。

一、猪的品种

约克夏猪

1. 约克夏猪

约克夏猪是猪的一个著名品种，原产于英国约克郡，是杂交育成的。全身白色，耳向前挺立。有大、中、小三种，分别称为“大白猪”“中白猪”和“小白猪”。大白猪属腌肉型，为全世界分布最广的猪种。体躯长，成年公猪体重300～500千克，母猪200～350千克。繁殖力强，每胎产仔10～12头。小白猪早熟易肥，属脂肪型。中白猪体型介于两者之间，属肉用型。中国饲养大白猪较多。

2. 长白猪

长白猪是“兰德瑞斯猪”在中国的通称。著名腌肉型猪品种。原产于丹麦，现已遍布于世界各国。由当地猪与大白猪杂交育成。全身白色，体躯特长，呈流线型。头狭长，耳大前垂，背腰平直，后躯发达，大腿丰满，四肢较长。生长快，饲料利用率高。皮薄、瘦肉多。每胎产仔11~12头。成年公猪体重400～500千克，母猪300千克左右。要求有较好的饲养管理条件。

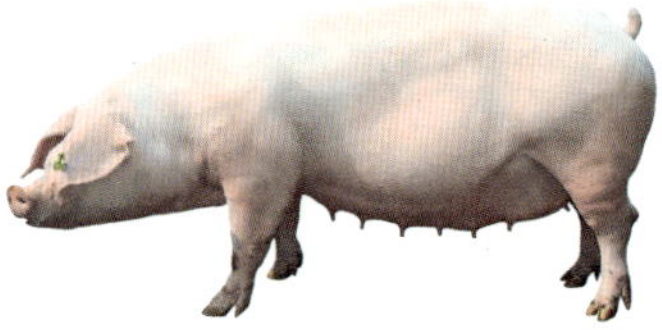

长白猪

3. 汉普夏猪

汉普夏猪是著名肉用型猪品种之一。十九世纪初期由英国汉普夏（Hampshire，一译汉普郡）输往美国后，在肯塔基州（Kentucky）经杂交选育而成。毛色黑，肩颈结合部和前肢呈白色。鼻面稍长而直，正竖立。体躯较长，肌肉发达。成年公猪体重315～410千克，母猪250～340千克。早熟，繁殖力中等，平均每胎产仔8头。母性强。屠体品质高，瘦肉比例大。

汉普夏猪

二、猪肉的部位

猪肉的部位可以分为前颈肉、肩颈肉、夹心肉、蹄髈、里脊肉、肋排、臀腿肉等，此外还包括心、肝、脾、胃、肾、尾、蹄等。猪肉不同部位的特点也各不相同（表2-2）。

表2-2　猪肉不同部位的特点

部位名称	特点
前颈肉（槽头、血脖）	多血污，肉间夹杂脂肪与较多结缔组织，质老
肩颈肉（上脑肉）	质地较嫩，有肥有瘦
夹心肉	结缔组织多，肉质较老，吸水量大
肘子（蹄髈）	包括前肘和后肘，筋皮与瘦肉多，富含胶质，质地老
里脊肉（扁担肉）	肌纤维长，结缔组织与脂肪少，质嫩
大排	带骨瘦肉，细嫩，加热过度质地易变老
五花肉	猪腹部的肉，脂肪与肌肉相夹成五层，组织疏松
肋排（小排）	带夹层肌肉
臀腿肉	包括臀尖肉、黄瓜条肉、弹子肉、磨裆肉等，肌肉剔除筋膜后，肉质厚实细嫩

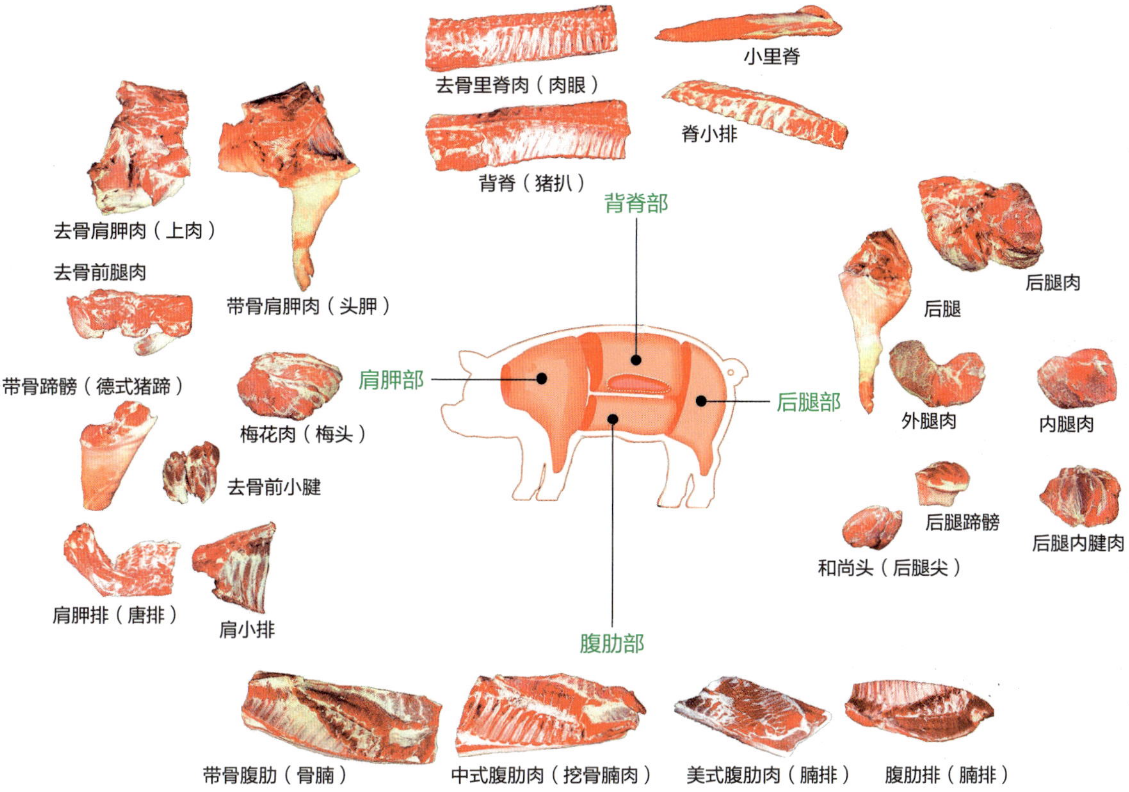

猪肉的部位

三、猪肉的烹饪用途

在西餐烹调中，猪肉制作简单，速度快，多使用烧烤、煎炸等烹调方法，与中餐相比，加工烹饪技法单一。一般欧美国家擅长以炸制技法制作菜肴，如“香炸猪排”“吉利猪排”等；亚洲、南美洲国家擅长以烤制技法制作菜肴，其中以韩国、巴西烤肉最为出名。小乳猪在西餐中是作为上等原料使用的，整只“烤小乳猪”可以作为高级宴会的主菜。

德国人酷爱吃猪肉，讲究猪肉的各种烹制和加工方法，这是德国与其他西方国家饮食特色的一个显著差别。大部分有名的德国菜都是猪肉制品，最有名的是红肠、香肠和火腿，如“黑森林火腿”销往世界各地，可以切得像纸一样薄，味道奇香；德国的国菜是在酸卷心菜上铺满各式香肠和火腿，有时用一整只猪后腿代替香肠和火腿。德国香肠的种类很多，有1500种以上，主要的原料是猪肉、牛肉、蔬菜或动物的内脏，搭配各类香料制成独特的口味。多数香肠以地区来命名，如法兰克福香肠、维也纳香肠、纽伦堡香肠等。吃法上，德国香肠也呈现出多样化，可以水煮、油煎或烧烤，也可以做成沙拉、煮汤或直接吃。

任务2 猪肉的品质鉴别、保鲜与贮藏

【任务导入】

1. 如何鉴别猪肉的品质？
2. 如何对猪肉进行保鲜和储存？

【知识储备】

一、猪肉的品质鉴别

根据肉的颜色、外观、气味等可以判断出肉的质量是好还是坏。

优质猪肉颜色呈淡红或者鲜红，不安全的猪肉颜色往往是深红色或者紫红色。优质猪肉的脂肪层厚度适宜（一般应占总量的33%左右）且洁白有光泽，没有黄膘色，在肉尸上盖有检验章。表面微干或稍湿，但不黏手，弹性好，指压凹陷立即复原，具有猪肉固有的鲜、香气味。正常冻肉呈坚实感，解冻后肌肉色泽、气味、含水量等均正常无异味。

次鲜肉肉色较鲜肉暗，缺乏光泽，脂肪呈灰白色；表面带有黏性，稍有酸败霉味；肉质松软，弹性小，轻压后凹处不能及时复原；肉切开后表面潮湿，会渗出混浊的肉汁。变质肉则黏性大，表面比较干燥，颜色为灰褐色；肉质松软无弹性，指压后凹处不能复原，留有明显痕迹。

此外，还可以通过烧煮的办法鉴别，不好的猪肉烧制时水分很多，没有猪肉的清香味道，汤里也没有薄薄的脂肪层，肉质入口很硬，肌纤维粗。

二、猪肉的保鲜

1. 低温保鲜

一般在0℃左右进行猪肉的低温保鲜。在10℃以下时，常见的腐败菌和病原菌的发育就被显著地抑制了；达到0℃附近，生长发育就基本停止了。

2. 辐照保鲜

常用的辐照源有电子束辐照源（产生电子射线）、X射线源和放射性同位素源。用于肉类辐照保鲜的辐照源主要是放射性同位素源，如^{60}Co和^{137}Cs辐照源，其中^{60}Co最为常用。

3. 真空保鲜

对于鲜肉来说，真空包装的作用主要有：①抑制微生物生长，并避免外界微生物的污染。食品的腐败变质主要是由于微生物的生长，特别是需氧微生物。抽真空后可以造成缺氧环境，抑制许多腐败性微生物的生长。②减缓肉中脂肪的氧化速度，对酶活性也有一定的抑制作用。

4. 充气保鲜

充气保鲜是指通过人为改变包装袋内的气体成分或比例，达到食品保鲜目的的一种方法。肉品充气包装常用的气体主要有氧气（O_2）、二氧化碳（CO_2）和氮气（N_2）。

三、猪肉的贮藏

（一）干燥法

干燥法也称脱水法，主要是使肉内的水分减少，阻碍微生物的生长发育，达到贮藏的目的。各种微生物的生长繁殖，都需要适宜的含水量，一般来说，至少需要40%～50%的水分。如果没有适当的水分含量，微生物就不能生长繁殖。猪肉的水分含量一般在70%以上，应采取适当方法，使含水量降低到20%以下或降低水分活性，才能延长贮藏期。

1. 自然风干法

根据要求将肉切块，挂在通风处，进行自然干燥，使含水量降低。例如风干肉、香肠等产品都要经过晾晒、风干的过程。

2. 脱水干燥法

在加工肉干、肉松等产品时，常利用烘烤方法，除去肉中水分，使含水量降到20%以下，可以较长时间贮存。

3. 添加溶质法

即在肉品中加入食盐、砂糖等溶质，如加工火腿、腌肉等产品时，需用食盐、砂糖等对肉进行腌制，其结果可以降低肉中的水分活性，从而抑制微生物生长。

（二）盐腌法

盐腌法对肉品进行贮藏，主要是通过食盐改变肉品细胞的渗透压，脱去部分水分，并使肉品中的含氧量减少，造成不利于细菌生长繁殖的环境条件。但有些细菌的耐盐性较强，单用食盐腌制不能达到长期保存的目的。因此，生产中用食盐腌制多在低温下进行，并常常将盐腌法与干燥法结合使用，制作各种风味的肉制品。

（三）低温贮藏法

低温贮藏法即肉的冷藏，在冷库或冰箱中进行。在低温条件下，尤其是当温度降到-10℃以下时，肉中的水分就结成冰，造成细菌不能生长发育的环境。但当肉被解冻复原时，由于温度升高和肉汁渗出，细菌又开始生长繁殖。所以，利用低温贮藏肉品时，必须保持一定的低温直到食用或加工时为止，否则就不能保证肉的质量。

项目四

畜肉制品

【项目描述】

本项目主要是学习畜肉制品的相关内容，能知道畜肉制品的分类方法和部分畜肉制品品种，以及了解畜肉制品的烹饪应用，为进一步学习西餐烹饪奠定基础。

任务1 畜肉制品的分类

【任务导入】

1. 畜肉制品在人们日常生活中的地位如何？
2. 西餐中常用畜肉制品如何分类？

【知识储备】

一、按照加工方法分类

根据加工方法不同，通常将畜肉制品分为三类，即腌腊制品、干制品、灌制品。

1. 腌腊制品

意大利火腿

烟熏腊肉

腌腊制品是将肉或内脏等原料用食盐、香味调料等腌制，然后放置发酵或经过晾晒、烘干而得到的制品。一般将未经干燥的制品称腌制品，将腌制后又经过发酵、晾晒的称为腊制品。如意大利库拉特拉火腿、黑森林火腿、培根等即为腌腊制品。腌腊制品防腐性强，贮藏期长，风味浓郁。

根据腌制方法的不同，可分为干腌法、湿腌法、混合腌制法以及肌肉或动脉注射腌制法等。有时，将腌腊制品进行熏制，以增添独特的烟熏风味，如烟熏腊肉、烟熏香肠等。由于腌腊制品属于高盐食品，应去盐烹调食用为宜。

2. 干制品

干制品是将腌制品经晾挂风干或不经腌制直接干制而得到的制品。风干的方法多样，一般分为自然干燥法和人工干燥法。自然干燥法有晾晒、风干和阴干等；人工干燥法有煮炒、烘焙、真空冷冻干燥、远红外干燥等。如巴西风味牛肉干、瑞士风味风干牛肉、里布卡多风干肉等即为干制品。

风干肉

3. 灌制品

灌制品主要是以肉及其副产品（如肝、血、舌）等为原料，经切碎、腌制、灌入肠衣后，经过晾晒发酵或烘干、蒸煮、干制等而得到的制品。成品有熟制品，也有半熟制品或生制品。如牛肉肠、坎伯兰香肠、意大利熏猪肉肠、血肠、德国法兰克福肉肠等即为灌制品。

肉肠

香肠

血肠

二、按照西餐应用分类

按照西餐应用将畜肉制品分为腌肉制品和香肠制品。

1. 腌肉制品

腌肉制品通常包括火腿和培根两类。火腿是选用猪后腿肉来腌制，然后再经过风干或者长时间的干燥，有时候还要经过烟熏——在欧洲的南部地区或者山区，那里的风足以让火腿进行充分的风干或干燥，是一种传统食品。经过这样加工处理的火腿一般情况下都会用来生食。培根，通常是猪肉用盐腌制后经过烟熏制作而成。

腌肉制品

2. 香肠制品

香肠的种类很多，主要分冷切肠系列、早餐香肠系列、色拉米香肠系列、小泥肠系列、风干肠、烟熏香肠及火腿肠系列等。生产香肠较多的国家有德国和意大利等。

香肠制品——红肠

任务2 常见的畜肉制品

【任务导入】

1. 西餐中常用畜肉制品的品种有哪些？各有什么特点？
2. 畜肉制品的烹饪用途有哪些？

【知识储备】

1. 烟熏五花肉培根

烟熏五花肉培根是采用五花肉切片制作，肥肉和瘦肉分层搭配得非常匀称，使得它们非常适合覆盖到鸡肉或者火鸡肉的胸脯上，可以在烘烤的过程中防止这些部位的肉变得干燥。

2. 脊背培根

脊背培根是采用腰肉制作而成，而脊背肉是培根中肉质最瘦的肉所在的位置，通常可以铁扒或者煎熟之后搭配早餐的鸡蛋或者用来制作三明治。中部培根，来自脊背中间部位的肉，带有一块眼睛形状的脂肪。

3. 美式培根

美式培根是采用肥腻的腹部的肉制作而成，美式培根通常要经过烟熏。在制作成熟之后，培根中的油脂会完全熔化，培根会变得非常香脆。被称之为“加拿大培根”的培根中，会带有腰肉的肉眼，被认为是比较瘦的培根。

4. 意大利烟肉

意大利烟肉使用的是猪的五花肉，采用干盐法腌制，然后再风干大约12周的时间。一般情况下不需要经过烟熏，但是会使用香草类、香料类，以及大蒜等调味料来增强腌制时的风味。五花肉会在铺平之后腌制，或者卷起后腌制。可以在制作意大利面少司时使用，撒到比萨上、砂锅焖豆里，以及用来制作意式调味饭，还可以用来做汤，或包裹鱼肉和禽类用来铁扒等。切成薄片并卷曲起来的意大利烟肉可以当作开胃菜食用。

烟熏五花肉培根

脊背培根

美式培根

5. 意大利熏火腿

意大利熏火腿是用盐水腌制的意大利风味去骨火腿，可以作为意式开胃菜食用，还可以切成丁等形状添加到各种少司中。

6. 巴黎火腿

巴黎火腿也称为白火腿，是法国最常见的用盐水腌制的去骨火腿。通常会在煮熟之后售卖。可以切片之后搭配芥末一起食用。

7. 西班牙火腿

在西班牙，去骨之后用盐水腌制的火腿有时候会放到模具中烤熟或者煮熟之后再售卖。可以切成片状作为头盘食用或者用来制作面包卷。

8. 德国风味烟熏猪肉

德国风味烟熏猪肉是在德国、丹麦，以及波兰等国家深受欢迎的经过腌制及烟熏的猪肉。通常会使用颈部肉或者腰肉来制作，其他部位的切割肉块，如肋骨肉也可以使用。

9. 帕尔玛火腿

最广为人知的采用干盐法腌制的火腿是意大利帕尔玛火腿。正宗的帕尔玛火腿只产自意大利北部的艾米利亚-罗马涅大区的帕尔玛省内的南部山区。优质的帕尔玛火腿色泽暗红，切片后有透视感，带云石纹理的脂肪，嗅起来有浓郁的肉香及烟熏的气味，入口味道咸香，脂肪入口即化，有回味。

10. 五香烟熏牛肉

五香烟熏牛肉，以及相似命名的同类产品在中东地区都有出品，在巴尔干半岛地区以及土耳其，使用羔羊肉、山羊肉、水牛肉，以及骆驼肉进行腌制。风干之后，需要挤压成形，覆盖上一层辛辣风味的调味酱，再进行风干处理。

意大利烟肉

意大利熏火腿

巴黎火腿

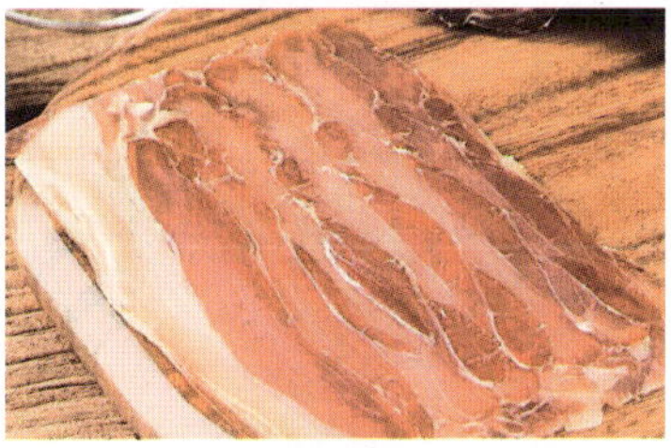

西班牙火腿

德国风味烟熏猪肉

帕尔玛火腿

11. 杰克肉干

这是一种在北美深受欢迎的小吃类肉干。切成薄薄的片状的野生或家畜肉（一般都是牛肉），在风干处理之前，通常都会先用香辣酱汁进行腌制，有时候会经过烟熏处理。

12. 坎伯兰香肠

在这种英式风味的碎肉香肠中，肉质的含量非常高，使得坎伯兰香肠质地硬实而稠密。可以如同其他新鲜的肉肠一样煎或者铁扒成熟。

13. 牛肉肠

牛肉肠一般情况下会比猪肉肠瘦，并且质地也会更干一些。高品质的牛肉肠中牛肉的含量很高，但是其中还是需要搭配足够数量的脂肪，以便煎或者铁扒出浓郁的香味。

14. 法式血肠

这种法式特产的血肠中不添加或只添加少许谷物，但是通常会包含猪的脂肪丁，有时候还会包含猪肉，还加有苹果、洋葱、栗子，或者其他各种原材料等。一般会将法式血肠切成片状，煎熟后食用。

15. 黑肠或者血肠

芳香浓郁的英国血肠是使用动物的血液，通常是猪血，再加上面包糠或者燕麦之类的馅料、猪肥肉丁以及各种调味料制作而成的。用小火加热煮熟之后售卖。切成片状并炒好之后，可以搭配土豆泥一起食用。

16. 博洛尼亚肉肠

博洛尼亚肉肠可以即买即食，这种粗大的肉肠是使用细碎的肉和脂肪腌制成的。所使用的肉通常是猪肉，也可以使用家禽肉。德式博洛尼亚肉肠使用的是细碎的猪肉，混合着火腿脂肪块制作而成。

五香烟熏牛肉

杰克肉干

坎伯兰香肠

牛肉肠

法式血肠

黑肠

17. 德国法兰克福肉肠

德国法兰克福肉肠使用细腻的猪肉和牛肉馅制作而成，这是一种细长的，有着淡淡的烟熏风味的肉肠。用小火煮熟之后搭配土豆沙拉和德式甜味芥末一起食用。

18. 意大利风味大肉肠

意大利风味大肉肠产自意大利南部，这些肉肠包含着猪肉或者少量的牛肉，在灌入肠衣之前先经过压制或者切成碎末状并加入香料调味，制作好之后还要经过3~12周的风干处理。

博洛尼亚肉肠

德国法兰克福肉肠

意大利风味大肉肠

【模块测验】

1. 牛肉不同部位对应的烹饪用途有哪些？
2. 羊肉不同部位对应的烹饪用途有哪些？
3. 猪肉不同部位对应的烹饪用途有哪些？
4. 如何鉴别牛肉的品质？
5. 如何鉴别羊肉的品质？
6. 如何鉴别猪肉的品质？
7. 畜肉制品如何分类？
8. 介绍几种常见的腌肉制品原料。
9. 介绍西餐中常见的香肠品种。

模块三

禽类原料

知识目标

❶ 掌握禽类原料的概念。

❷ 了解禽类原料的特点。

❸ 了解禽类原料的保管方法。

能力目标

❶ 能科学、完整地描述禽类原料的概念。

❷ 能讲述禽类原料的发展情况。

❸ 能熟练地对禽类原料进行分类。

❹ 会很好地保管禽类原料。

项目一
鸡肉

【项目描述】

本项目主要是学习鸡肉相关知识内容，为进一步学习西餐烹饪奠定基础。

任务1 鸡肉概述

【任务导入】

1. 鸡肉在人们日常生活中的地位如何？
2. 西餐中常用鸡的品种有哪些？各有什么特点？
3. 鸡肉的各部位有何特点？
4. 鸡肉各部位的烹饪用途有哪些？

【知识储备】

鸡是一种家禽，属雉科原鸡属。家鸡源出于野生的原鸡，其驯化历史至少约4000年，但直到1800年前后鸡肉和鸡蛋才成为大量生产的商品。鸡的种类有火鸡、乌鸡、野鸡等。

鸡

鸡肉的肉质鲜美多汁，有着柔和清淡的滋味，可以吸收各种风味，鸡肉是人类食用最广泛的肉类之一。从经济的角度和易于饲养的角度考虑，最初小农场主们养鸡是为了出产鸡蛋，一旦鸡太老了，便只适合用来煮汤。时至今日，鸡被成千上万地以集约式的方式养殖，因此鸡肉变成了可以购买到的最便宜的肉类。童子鸡或者用来烘烤的鸡肉，是生长期约为12周的鸡，其肉质非常鲜嫩，而更老一些的鸡需要采用炖焖的方法进行烹调，其风味绝佳。阉鸡是经过阉割的公鸡，特别适合产出鲜嫩而肥美的胸脯肉。用玉米喂养的鸡，其鸡皮和脂肪颜色会呈黄色。

一、鸡的分类

鸡一般可以分为公鸡、小公鸡、童子鸡、母鸡和阉鸡等（表3-1）。

表3-1 鸡的分类及特点

分类	特点
小公鸡	为在性成熟前上市的公鸡
公鸡	为成熟公鸡
童子鸡	为650克以下的鸡
母鸡	初期用于产蛋，之后用于肉食
阉鸡	是一种在性成熟前被阉割并放养八个月，然后根据其饲养记录笼养一个月的公鸡。这种育肥方法将使鸡生长出细腻并富含油脂的非凡鸡肉

二、鸡肉的部位

鸡肉的部位可以分为鸡胸、鸡腿、鸡翅、鸡爪、鸡头、鸡脖等。

1. 鸡胸处的肉

鸡胸：大块的胸部肉通常称为鸡胸。

鸡小胸：从鸡大胸内侧横向切下的薄片。

鸡柳：去掉鸡皮的鸡胸片。

鸡里脊：位于鸡胸腔内侧的鸡肉。

2. 鸡翅处的肉

翅尖：鸡翅的最前端。

翅中：鸡翅的中间一段。

翅根：鸡翅的根部一段。

3. 鸡腿处的肉

鸡腿：鸡大腿和鸡小腿。

鸡大腿：鸡腿的上半段。

鸡小腿：鸡腿的下半段。

4. 其他部位的肉

鸡背部有两个小肉块，又称“牡蛎肉”。此外还有鸡脖子、鸡杂、鸡爪和鸡冠。

鸡肉的部位

三、鸡肉的烹饪用途

鸡肉适合各种烹饪方法，可烤、炖、炒、煮、煎。为更好地保护其营养，建议将鸡肉用铝箔或盐包裹蒸熟。鸡肉不用于生食。在西餐中，主要用于制作法式蓝带烤鸡肉卷、风味鸡肉培根烧、鸡肉沙拉、鸡肉比萨、炸鸡块、炸鸡柳、炸鸡排、土豆咖喱鸡、鸡肉汉堡、煎鸡排等。

根据鸡肉部位的不同，对应的烹调方法也不一样，具体如下。

1. 鸡腿

鸡腿包含鸡大腿和鸡小腿，切块鸡腿非常适合涂上香辣调味料之后用来烧烤，或者用来制作美味可口的炖菜，例如红酒炖鸡等菜肴。大腿肉有带皮或者不带皮售卖的，也有带骨或者不带骨售卖的。大腿肉是含有丰富汁液的肉块，带皮烘烤时非常美味，腌制后用小火炖熟味道也会非常棒。大腿肉在去骨之后，可以用来酿馅并卷成鸡腿卷。小腿肉是腿肉的最末端肉块，可以制作成惹人喜爱的美味小吃，用来烘烤和烧烤也非常受欢迎，不管是原味还是腌制之后，或者是涂上各种调味料烹调，都深受欢迎。

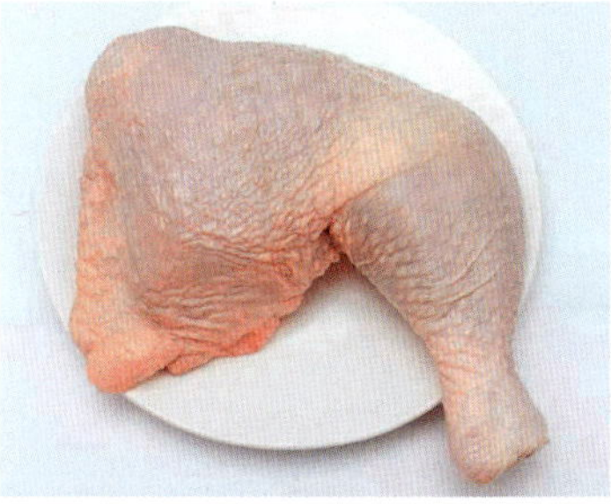

鸡腿

2. 鸡翅

鸡翅中，鸡皮和鸡骨占大多数，但是鸡翅却是非常美味的小吃食品。烧烤鸡翅，就如同布法罗辣鸡翅一样深受欢迎。同样，鸡翅也可以用来制作高汤。

3. 鸡脯肉

鸡脯肉可以带骨或者不带骨，可以带皮或者不带皮。不带骨鸡脯肉是最受人们喜爱的切割肉块之一，因为其肉质非常鲜嫩并且很容易成熟。去皮、去骨之后的鸡脯肉可以整个用来制作基辅炸鸡，或者敲打成大片制作成吉利肉排。

4. 鸡柳

鸡柳可以指切成片状的去皮鸡脯肉，或者是从胸脯肉的内侧摘下来的鸡里脊肉。通常用来炒，如果先腌制之后再烹调制作会更加美味。

鸡翅

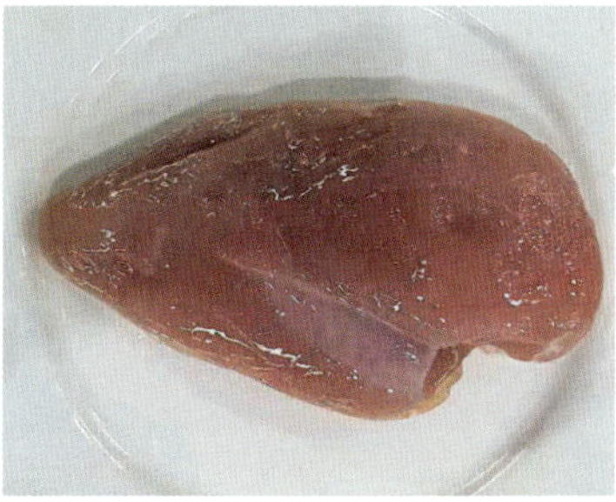

鸡脯肉

鸡柳

任务2 鸡肉的品质鉴别、保鲜与贮藏

【任务导入】

1. 如何鉴别鸡肉的品质？
2. 如何对鸡肉进行保鲜和储存？

【知识储备】

一、鸡肉的品质鉴别

（一）鲜鸡肉

1. 新鲜鸡肉

眼球饱满，皮肤有光泽，因品种不同可呈淡黄、淡红和灰白等颜色，肌肉切面有光泽；具有鲜鸡肉的正常气味。新鲜鸡肉表面微干或微湿润，不黏手；指压后的凹陷能立即恢复。

2. 劣质鸡肉

眼球干缩凹陷，体表无光泽，头颈部常带有暗褐色；体表和腹腔均有不愉快气味甚至臭味；表面干燥、黏手或腻滑，新切面发黏；指压后的凹陷不能恢复，并且留有明显的痕迹。

（二）冻鸡肉

1. 优质冻鸡肉

解冻后，眼球饱满或平坦；皮肤有光泽，因品种不同而呈黄、浅黄、淡红、灰白等颜色，肌肉切面有光泽；表面微湿润，不黏手；指压后的凹陷恢复慢，且不能完全恢复；具有正常气味。

2. 变质冻鸡肉

解冻后，眼球干缩凹陷，晶状体混浊；体表无光泽，颜色暗淡，头颈部有暗褐色；表面干燥或黏腻，新切面湿润、黏手；骨肉软、散，指压后凹陷不但不能恢复，而且容易用指头将鸡肉戳破；体表及腹腔均有不愉快气味。

二、鸡肉的保鲜

1. 低温保鲜

低温保鲜是人们普遍采用的技术措施，冷藏是将肉品保存在略高于0℃的温度，通常在2~4℃，这一范围内大部分致病菌停止繁殖。

2. 气调包装保鲜

气调包装是在密封材料中放入食品，抽掉空气，用选择好的气体代替包装内的气体环境，以抑制微生物的生长，从而延长食品保质期。气调包装常用的气体有三种：二氧化碳可抑制细菌和真菌的生长；氧气的作用是维持氧合肌红蛋白，使肉色鲜艳，并能抑制厌氧细菌；氮气是一种惰性填充气体，它不影响肉的色泽，能防止氧化酸败。

三、鸡肉的储存

1. 冷却储存

光禽或禽肉如能在一周内用完，可在冷却状态下保存。如鸡肉，在温度为0℃，相对湿度85%～90%的条件下，可储存一周左右。

2. 冷冻储存

宰杀后成批的光禽或禽肉，如果需要保藏较长时间，必须进行冷冻保藏。即先在-30～-20℃，相对湿度85%～90%的条件下冷冻24～48小时，然后在-20～-15℃，相对湿度90%的环境下冷冻保存。主要目的是在低温的环境下控制微生物的繁殖速度。

项目二 火鸡肉

【项目描述】

本项目主要是学习火鸡肉相关知识内容，为进一步学习西餐烹饪奠定基础。

任务1 火鸡肉概述

【任务导入】

1. 火鸡肉在人们日常生活中的地位如何？
2. 西餐中如何使用火鸡肉来烹调？

【知识储备】

现代的火鸡都是来源于北美大陆小型的野生火鸡的后代。目前，火鸡主要是规模化养殖，但是也有一些是散养的火鸡，例如青铜火鸡，具有非常棒的口感和味道。一只火鸡的平均大小为5.5千克，个头较小的火鸡会在节假日供应。火鸡肉比鸡肉要瘦一些。深色的肉质（火鸡腿肉）会更肥腻，也比白色的肉质（胸脯肉）含有更多的汁液。

一、火鸡的品种

火鸡的品种主要有贝兹维尔小种白火鸡、黑火鸡、石板青火鸡、波旁红火鸡、青铜色大型火鸡、宽胸白火鸡、捷克火鸡和皇家棕榈火鸡等。

二、火鸡肉的烹饪用途

火鸡肉在食用时要将冷冻的整只火鸡完全解冻，并在加热烹调之前的一个小时内让其恢复到室温。烤整只火鸡、皇冠火鸡、去骨切块和火鸡卷以及火鸡腿等要确保将它们制作到完全成熟，即温度计测定的火鸡肉内部温度读数应至少是75℃。火鸡胸肉可以用来铁扒、煎，或者炒，火鸡腿肉也可以用来炖焖。火鸡肉丁可以炖焖或者炒，也可以穿成肉串铁扒或者煎熟。肉馅可以用来制作汉堡，或者作为瘦肉用来代替使用牛肉馅制作的其他菜肴。

根据部位的不同，火鸡肉在西餐中的烹调方法也各有特色。

1. 火鸡腿

最便宜的火鸡肉之一，由大腿肉和小腿肉组成。火鸡肉的颜色在大腿处较浅，而在小腿处变成深色。可以烤，但通常都会用来炖焖。

2. 火鸡胸肉

一片瘦的火鸡胸肉非常适合用来炖、铁扒或者煎。去皮的火鸡胸肉可以称为火鸡柳。将火鸡胸肉切成或者敲打成非常薄的片状后，这种片状肉即为吉列火鸡排，也可以切成丁或者片状用于炒。

3. 火鸡翅

火鸡翅有一定量的肉质，这使得火鸡翅成为最实惠的炖焖材料或者非常棒的煮汤材料。火鸡翅在经过腌制和烧烤之后，也可以用来制作深受欢迎的小吃类食物。

火鸡腿

火鸡胸肉

火鸡翅

任务2 火鸡肉的品质鉴别、保鲜与贮藏

【任务导入】

1. 如何鉴别火鸡肉的品质？
2. 如何对火鸡肉进行保鲜和储存？

一、火鸡肉的品质鉴别

优质的火鸡肉表面微干，不黏手，用手指压肉后的凹陷可以立刻恢复；劣质的火鸡肉，眼球皱缩凹陷，皮肤色泽转暗，体表和腹腔内可以嗅到不愉快气味甚至臭味，表面黏手、腻滑，用手指压肉后的凹陷恢复很慢或者不能完全恢复。

二、火鸡肉的保鲜和贮藏

火鸡肉在贮藏时，一般将整只火鸡或者切块火鸡放在冷藏冰箱的底部，可以保存2天以上的时间，注意要完全覆盖好，以避免对其他食品造成污染。在整只火鸡腹腔内如果有内脏器官，要取出并在购买后的当天使用完。包裹好的切块火鸡可以冷冻保存6个月以上的时间，而肉馅则可以保存2个月以上的时间。

项目三
鸭肉

【项目描述】

本项目主要是学习鸭肉相关知识内容，为进一步学习西餐烹饪奠定基础。

任务1 鸭肉概述

【任务导入】

1. 鸭肉在人们日常生活中的地位如何？
2. 西餐中常用鸭的品种有哪些？各有什么特点？
3. 鸭肉各部位的烹饪用途有哪些？

【知识储备】

鸭子的饲养已经超过4000年的历史了。现在鸭子都是采用集中饲养的方式进行喂养。绝大多数品种的鸭子都是野生鸭的后裔，带有深色的肉质，并且皮下有一层厚厚的脂肪层。而那些从美洲家鸭中培育出的品种，体型更大，肉质也更瘦一些。尽管相对于脂肪和骨骼来说，鸭肉的出品率较低，但是鸭肉却美味多汁并香浓可口。鸭子主要饲养的目的是用来出品肝酱制品，而剩余的鸭肉可以制作成油封鸭（鸭肉在鸭油中腌渍）。鸭油也可以单独售卖并用于烹调中。

油封鸭

一、鸭的品种

西餐中常用于烹调的鸭肉品种有番鸭、克里莫瘤头鸭、美宝鸭等。

1. 番鸭

番鸭又称瘤头鸭、洋鸭、麝香鸭，原产于中美和南美洲热带地区，是世界著名的优质肉用型鸭种。现在福建、广东等地已大量繁

番鸭

殖。番鸭头部两侧和脸上长有赤色肉瘤，体质强健，肉厚且细嫩，味美油多。

2. 克里莫瘤头鸭

克里莫瘤头鸭由法国克里莫公司培育而成，有白色、灰色、黑色3种羽色。此鸭种体质健壮，适应性强，肉质好，瘦肉多，脂肪少，肉味鲜，故在法国发展很快，已占养鸭总数的80%左右。

克里莫瘤头鸭

3. 美宝鸭

美宝鸭是美国美宝公司培育的优良肉用鸭品种。该鸭父母代25~26周龄产蛋率达50%，产蛋高峰期可达91%，平均每只母鸭40周产蛋210个，平均蛋重88克，商品代鸭49日龄平均体重2.95千克，肉料比1：2.76。美宝鸭的最大特点是瘦肉多、长羽快、羽毛多。

美宝鸭

二、鸭肉的烹饪用途

鸭肉的食用：烤整只鸭，按照每千克鸭肉需要在180℃的烤箱内烘烤45分钟计算，然后再继续烘烤20分钟。

根据鸭肉部位的不同，其烹调方法也各有不同。

1. 鸭脯肉

鸭脯肉质密实、滋味浓郁。如果整个用于烹调，先要在鸭皮和脂肪层上刻划几刀或者戳出一些孔洞，然后将鸭皮朝下煎，或者鸭皮面朝上铁扒，这样做可以让脂肪熔化并且释放出多余的脂肪，或者将所有的鸭皮以及脂肪层去掉，切成条状用于炒制菜肴。

鸭脯肉

2. 鸭腿

鸭腿的风味非常棒，需要比鸭脯肉更长的烹调时间才能使其成熟。鸭腿中会带有一些肌肉，可以用来铁扒、烤，或者用来制作油封鸭。在烹调之前要先在鸭皮和脂肪层上戳出一些孔洞或者刻划几刀。

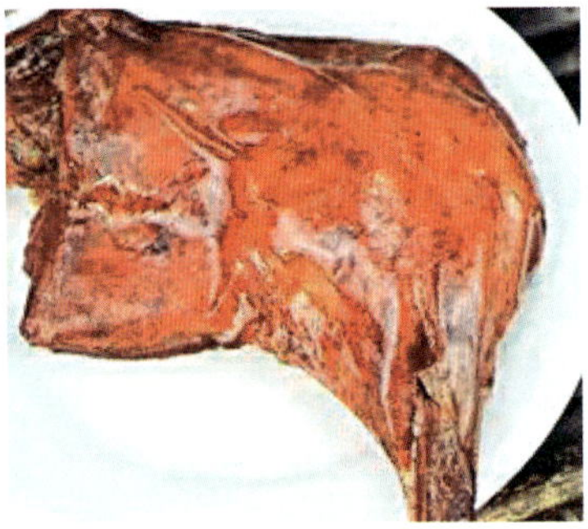
鸭腿

任务2 鸭肉的品质鉴别、保鲜与贮藏

【任务导入】

1. 如何鉴别鸭肉的品质？
2. 如何对鸭肉进行保鲜和储存？

【知识储备】

一、鸭肉的品质鉴别

鸭的体表光滑，呈乳白色，切开后切面呈玫红色，则表明是优质鸭肉。如果鸭皮表面渗出轻微油脂，可以看到浅红或浅黄颜色，同时内切面为暗红色，则表明肉的质量较差。

二、鸭肉的保鲜

1. 冷藏保鲜

这是普通家庭常见的食品保鲜方法，也适用于鸭肉保鲜。准备保鲜时，将生鸭肉清洗干净，沥干水分，放入保鲜袋中，然后放入速冻层冷藏。一般来说，温度越低，储存时间越长。

2. 冰块冷冻保鲜

该方法是鸭肉的短期保鲜方法。用一个密封的盒子，把冰块放进去，在冰块上放上保鲜膜，然后把鸭子放进去。这样，冷冻鸭可以保存10多个小时。

3. 真空保鲜

相较于上述方法，这种方法相对简单，用真空袋将已经排水的鸭子放入其中，然后从袋中排出空气。真空储存也能确保鸭子不会变质。

三、鸭肉的储存

将整只鸭以及切块鸭肉，包装好之后储存在冷藏冰箱内，可以保存3天以上。如果冷冻保存，密封好之后，可以保存6个月以上。

项目四
鹅肉

【项目描述】

本项目主要是学习鹅肉相关知识内容，为进一步学习西餐烹饪奠定基础。

任务1 鹅肉概述

【任务导入】

1. 鹅肉在人们日常生活中的地位如何？
2. 西餐中常用鹅的品种有哪些？各有什么特点？
3. 鹅肉各部位的烹饪用途有哪些？

【知识储备】

家养的鹅是食草动物，因不能在密集的条件下养殖，所以鹅都是散养的家禽类。鹅肉的比例比骨头的低，所以鹅肉的价格较贵，但是，其含有的脂肪很少，非常适合用来煎，以及其他各种烹调方法。鹅肉颜色非常深，肉质滋味浓郁。家养的鹅肉质与野生的鹅有很大的不同，野生鹅的肉质颜色会更深，并且会非常瘦，在煎的时候，肉质会非常老。饲养的鹅也常用来制作鹅肝。

一、鹅的品种

按照鹅的出产功用可以分产肉、产蛋、产绒、产肥肝四类。西餐烹饪中以肉用和制作鹅肝为主，比较著名的鹅的品种有朗德鹅、莱茵鹅、丽佳鹅等。

鹅

二、鹅肉的烹饪用途

幼鹅可以酿馅后整只在220℃的烤箱内按照每450克需要

烘烤16分钟来计算所需要烘烤的时间，其内部温度应达到70℃。较老的鹅肉可以用于炖或者油封。鹅胸脯肉制作成肉馅可以用来制作肉批、汉堡，以及其他各种菜肴。

根据鹅肉部位的不同，烹调方法也各有特色。

1. 鹅胸脯肉

胸脯肉是鹅身上肉质最鲜嫩的部分，一整只鹅的胸脯肉重量在1千克左右。其厚厚的脂肪层会让鹅肉的品质明显降低。鹅是食草动物，其胸脯肉即使烘烤，或者铁扒至四成熟时食用也会非常安全。

2. 整只鹅

尽管鹅身上的肉并不多，但是整只鹅是所有用来烘烤的家禽类中最美味的食材之一。在烹调之前，要仔细检查鹅身体的两端，并将腹腔内多余的脂肪去掉。

鹅胸脯肉

整只鹅

任务2 鹅肉的品质鉴别、保鲜与贮藏

【任务导入】

1. 如何鉴别鹅肉的品质？
2. 如何对鹅肉进行保鲜和储存？

一、鹅肉的品质鉴别

1. 摸鹅

应选择表皮干燥、不黏手的鹅肉，用手压肉后的凹陷能立即恢复。不要挑选肉和皮的表面比较干，或者水较多、脂肪稀松的肉。

2. 看颜色

选择白色或淡黄色并带浅红色的鹅肉，肉色呈新鲜红色、血水不会渗出太多的才新鲜。如果肉色已呈暗红，就不太新鲜了。正常鹅肉白里透红，颜色变为灰白或失去色泽都不是好肉。

3. 闻气味

用鼻子闻，以青饲料为主的鹅肉有青草气味。

4. 现场宰杀

选购鹅肉最好选活的大鹅当场宰杀，一般健康鲜活的大鹅羽毛干净有光泽，活泼凶悍，眼睛有神。宰杀后放血干净，血色暗红，拔毛修整后，有微腥味，但没有臭味。肉丝洁白，肉质有弹性，没有硬节等。

二、鹅肉的保鲜

1. 冷藏保鲜

这是常见的保鲜方法，将生鹅清洗干净，沥干水分，放入保鲜袋中，然后放入速冻层冷藏。一般来说，温度越低，冷藏时间越长。

也可以找到一个密封的盒子，把冰块放进去，在冰块上铺一层布，然后把鹅放进去。这样，可以保存10多个小时。

2. 真空保鲜

将鹅放入真空袋中，然后将袋中空气排出。真空储存也能确保鹅短期不会变质。

三、鹅肉的储存

1. 冷冻储存

密闭包装，在−15℃以下的低温速冻，把鹅低温冻透，然后再转入−5℃的冷冻室存放，保质期为三个月。

2. 盐腌储存

这种方法可以长时间保存鹅肉，盐有很好的效果。如果没有冷藏条件，而且储存时间不需要很长，盐可以直接涂在鹅肉的各个部位。根据个人口味，多加点盐也没关系。

【模块测验】

1. 鸡肉、鸭肉、鹅肉的烹饪用途各有哪些？
2. 如何对鸡肉进行品质鉴别？
3. 如何对鸭肉进行品质鉴别？
4. 如何对鹅肉进行品质鉴别？
5. 鸡肉、火鸡肉、鸭肉和鹅肉的贮藏特点各有哪些？
6. 鸡、鸭、鹅的品种各有哪些？

模块四

水产类原料

知识目标

❶ 掌握水产类原料的概念。
❷ 了解水产类原料的特点。
❸ 了解水产类原料的保管方法。

能力目标

❶ 能科学、完整地描述水产类原料的概念。
❷ 能讲述水产类原料的发展情况。
❸ 能熟练地对水产类原料进行分类。
❹ 会很好地保管水产类原料。

项目一
鱼类

【项目描述】

本项目主要是学习鱼类相关知识内容，为进一步学习西餐烹饪奠定基础。

任务1 鱼类概述

【任务导入】

1. 鱼肉在餐饮中的地位如何？
2. 如何进行鱼的品质鉴别？
3. 如何对鱼进行保鲜？
4. 如何对鱼进行储存？

【知识储备】

鱼纲动物是脊索动物门中种数最多的一类，终生在水中生活，以鳃呼吸，用鳍运动并维持身体平衡，听觉器官只有内耳，多数体披鳞片，身体温度随环境变化，是变温动物。鱼类分软骨鱼类和硬骨鱼类。

鱼肉富含动物蛋白质和磷脂等，营养丰富，滋味鲜美，易被人体消化吸收，对人类体力和智力的发展具有重大作用。鱼体的其他部分可制成鱼肝油、鱼胶、鱼粉等。

一、鱼的品质鉴别

1. 鲜鱼的品质鉴别

在进行鱼的感官鉴定时，首先观察其眼睛和鳃，然后检查其全身和鳞片，同时用一块清洁的吸水纸浸吸鳞片上的黏液进行观察，鉴别黏液的质量。必要时用竹扦刺入鱼肉内，拔出后立即嗅其气味，或切成小块，煮沸后鉴定鱼汤的气味和味道。

（1）新鲜的鱼用手握头，鱼体不下弯，口紧闭，鱼体具有鲜鱼固有的鲜明本色和光泽，体表黏液清洁、透明；鱼鳞发光，紧贴鱼体，鳞层明显、完整而无脱落；眼睛澄清、明亮、饱满，眼球黑白界限分明；鳃盖紧闭，鱼鳃清洁，鳃丝鲜红清晰，无黏液和污垢臭味，肌肉坚实而有弹性，用手指压凹陷处能立即复原。鲜鱼还有一种特有的鲜腥味。煮沸后的汤汁浓白，口味鲜美。

（2）陈腐的鱼体色暗淡无光，鳞片松，易脱落，不完整，鳞层不明显；鳃盖松弛，鱼鳃黏液增多，颜色呈现灰色或灰紫色，有显著腥臭味；眼球凹陷，上面覆有一层灰色物质，甚至瞎眼；肌肉松软，无弹性，肚腹膨胀，骨肉分离，并有明显的腐臭味。煮沸后的汤汁浑浊，有一定的臭味。

2. 冻鱼的品质鉴别

冷冻鱼的品质优劣，不如新鲜鱼容易识别，只能看它的眼球、体表色泽和硬度，或将鱼切开检查内部。

（1）优质品眼球凸起，黑白分明，洁净无污物；体表清洁，色泽鲜亮，肛门紧缩；鱼体冻得坚实，硬物敲击能发出清晰响声；切开鱼体无离刺现象，内脏完整不破裂。

（2）质劣品鱼眼下陷周围起白蒙，体表有污物，皮色灰暗无光泽，肛门凸起；鱼体温度高而松软；用刀切开鱼身，有离刺现象，脊骨处有红线，胆囊不完整，有破裂。

3. 被污染鱼的鉴别

含有各种化学毒物的工业废水被大量排入江河湖海，使生活在这些水域里的鱼类中毒，多种化学毒物长期蓄积在鱼鳃、肌肉和脂肪里，致使鱼体带毒，甚至致畸、致癌。购买时要特别注意鉴别。

（1）看形体　污染严重的鱼，形态不整齐，头大尾小，椎弯曲甚至畸形，皮部发黄，尾部发青。带毒的鱼眼睛浑浊，无光泽，有的甚至向外鼓出。

（2）看鱼鳃　鳃是鱼的呼吸器官，大量的毒物就可能蓄积在这里。有毒的鱼鳃不光滑，较粗糙，呈暗红色。

（3）闻气味　正常的鱼有明显的腥味，被污染的鱼则气味异常。根据各种毒物的不同，分别呈大蒜气味、氨味、煤油味、火药味等不正常的气味，含酚量高的鱼鳃还可能被点燃。

二、鱼的保鲜

1. 活鱼保鲜

将打湿的薄纸片盖住鱼的眼睛，这样可以使买回的活鱼多活三四个小时，一放回水中又能活蹦乱跳，这是因为鱼的视神经有一条线状的组织，一旦离水就会断裂，鱼就会死掉，如果将打湿的薄纸片贴在鱼的眼睛上，可以推迟断裂时间。

2. 冷藏保鲜

鱼除去内脏洗净后放在冰箱内，以$-3\sim5$℃为宜，可在20天内保持鱼的鲜味。

3. 冰块保鲜法

将鱼放置在冰块之中，利用冰块把新鲜鱼的温度降低至接近冰点但又不会冻结。

4. 气调保鲜法

把刚捕到的鱼放进充满21%氧气、19%氮气和60%二氧化碳的聚乙烯袋子里，然后密封袋子，放在温度稍低的室内。储存一个月，鱼的体形和味道基本不变。

三、鱼的储存

鱼应在当天准备制作时，当天购买，但是，若必须在短时间内储存它，为了确保其品质和安全，对鱼进行适当的处理和冷藏保存都是必不可少的。鱼可以在冰箱里冷藏保存24小时以内的时间，但是如果在购买之后超过了24小时再使用的话，最好在购买当天，就将其冷冻保存。

任务2　常见的鱼类

【任务导入】

1. 西餐中常用鱼的品种有哪些？各有什么特点？
2. 常见的鱼类有哪些烹饪用途？

【知识储备】

一、鳕鱼

鳕鱼分布在大西洋、太平洋，以及北极地区的冷水区域，是北半球最重要的经济型鱼类之一。由于鳕鱼中主要的油脂都集中在肝脏之中，所以鱼肉中的脂肪含量很低。鳕科鱼肉有各种颜色，以美味的肉质而著称，在制作成熟之后，鱼肉会变得鲜美多汁并且芳香四溢。

鳕鱼在加热烹调时，可以裹上面糊或者面包糠后炸或者煎，可以烤，用高汤或者牛乳煮，切碎后的鱼肉可以用来做汤或者海鲜周打汤，鱼肉或者整条的鱼可以用来铁扒。在加工处理时，可以冷熏、腌制或干燥处理等。

鳕鱼可以搭配莳萝、香芹、月桂叶、柠檬、橄榄油等食用。常见的食谱有：英式炸鱼、奶油焗鳕鱼、希腊红鱼子酱沙拉和鳕鱼配香芹少司。

1. 太平洋鳕鱼

太平洋鳕鱼也被称为阿拉斯加鳕鱼，太平洋鳕鱼皮上有黑色的斑点。它能生长到超过2米，分布在北太平洋和环太平洋一带。在北美和南美都很受欢迎，在加勒比海也深受欢迎，最适合用来制作英式炸鱼、煮鱼和铁扒。

太平洋鳕鱼

2. 大西洋鳕鱼

大西洋鳕鱼也被称为幼鳕、小鳕鱼。它有着非常明显的特征：鱼身上有着白色的体侧线，黄绿色的大理石花纹般的鱼皮，到了腹部逐渐地变成了白色，以及方形的鱼尾。这种鱼类可以生长到1.5米长，有着白色的、大块的、呈瓣状的鱼肉，带有一股甘美的海鲜滋味，通常用来制作英式炸鱼，但是也非常适合煮熟之后制作成鱼肉馅饼，或者烘烤至酥脆后享用。

大西洋鳕鱼

二、鲷鱼

鲷鱼分布在全球温带和热带海域之中，对许多国家来说，都是重要的经济型鱼类。它们多数都有着深色的扁圆形身体，长着一根长长的多刺的背鳍。大面积的鱼鳞很好地覆盖住了鱼身和鱼头。它们许多都是海洋鱼类，但是也有一些居住在江河入海口处的咸水中或者淡水里。大多数都非常小，一般长40～70厘米。在加热烹调时，一般可以煎、铁扒、烘烤、酿馅等。可以搭配茴香、香菜、柠檬、藏红花、香芹、大蒜等食用。常见的食谱有纸包烤鲷鱼。

1. 真鲷

真鲷在法国也称作多拉德，在美国称之为红尾或者红鲷，这种鱼在非常新鲜时会带有淡雅的蓝色痕迹。在日本，真鲷会在一些特殊场合下使用，如婚宴等。

真鲷

2. 红鲷鱼

红鲷鱼生活在海洋里暗礁中，常见于墨西哥湾和美国东南大西洋海洋一带。鱼身的两侧会从深红色逐渐变成淡红色。只需挤上点柠檬汁就可以加热烹调成美味佳肴，与各种香料搭配食用也会美味可口。红鲷鱼还可以铁扒、煎、烤。

红鲷鱼

三、鲂鱼

鲂鱼分布在大西洋、太平洋以及印度洋等地。鲂鱼是法国南部传统美食的一部分，如经典的炖马赛鱼汤。这种鱼有着三角形的、多骨的鱼头，逐渐变细的鱼身，以及非常明显的胸鳍。鲂鱼可以长到60厘米，鱼骨的重量超过其体重的40%。鱼头（去掉鱼鳃）、鱼骨以及鱼皮，可以制作出非常美味的鱼高汤。在加热烹调时，可以烤、煎和铁扒等。

1. 红鲂鱼

红鲂鱼也被称为咕咕鲂鱼和士兵鲂鱼，在欧洲，这是最有利用价值的鲂鱼类之一。一般可以在英国海岸附近，并向南延伸到地中海一带捕获到，以色泽亮丽的红鲂鱼为好。

红鲂鱼

2. 灰鲂鱼

灰鲂鱼分布在从挪威到摩洛哥、马德拉岛和冰岛等大西洋东部水域内。灰鲂鱼具有独特的外观，因此在鱼贩的摊位上，可以很容易地辨认出来。风味甘美的鱼肉可以用来烤或者烧烤。

灰鲂鱼

四、红鲑鱼

红鲑鱼分布在欧洲和北美的北大西洋海岸地区。年幼的红鲑鱼鱼皮呈褐色，但在成年之后，在其脊背处到两侧的鱼皮会由深红色渐变到更淡一些的橙红色。这种鱼有着大大的嘴巴和突出的眼睛，并且可以长到1米以上的长度，但是，在市场上，一般的红鲑鱼都会在30～46厘米。鱼肉洁白，呈瓣状，风味鲜美，口感饱满。

红鲑鱼

五、石斑鱼

石斑鱼分布在大西洋、太平洋以及印度洋水域。这些鱼类中的许多品种都是非常重要的经济型鱼类，石斑鱼的鱼皮较厚，并且略带弹性。石斑鱼在加热烹调时可以铁扒和煎。可以搭配酱油、芝麻、橄榄油、黄油、青柠檬等食用。常见的食谱有牙买加风味鱼。

石斑鱼

1. 珊瑚鳟鱼

珊瑚鳟鱼也称东星斑，这种鱼肉质硬实而洁白，风味甘美，非常适合用于煎、烧烤等烹调方法。

2. 红石斑鱼

这种鱼的鱼肉都是白色，其风味与鳕鱼肉相似，但没有那么甘美。

3. 大石斑鱼

这种鱼生活在亚热带海域中，在靠近大西洋的西部和东部水域以及太平洋东部水域的礁石中生存。这种鱼的肉质硬实，并且风味甘美。非常适合用来烘烤和煎，通常会切割成鱼排使用。

珊瑚鳟鱼

红石斑鱼

大石斑鱼

六、海鲈鱼

海鲈鱼也称鲈鱼、海水鲈鱼，这种鱼类生活在从挪威到塞内加尔的大西洋东部海域以及黑海和地中海一带的海域里。养殖的海鲈鱼风味优良，其脂肪沉淀层会根据饲养的过程不同而不同。海鲈鱼的传统烹调方式是盐烤，加上各种风味香料之后，使用纸包烤也非常美味。

海鲈鱼

七、鲳鱼

1. 乌鲳

这种鱼生活在印度洋—太平洋中和含盐的热带水域中。它是一种浅水鱼类，通常可以长到30厘米长。乌鲳有着甘美的风味和硬实的质地，可以新鲜食用，也可以干制和腌制。

乌鲳

2. 银鲳鱼

这种鲳鱼在从波斯湾到印度尼西亚，再到日本的印度洋—太平洋一带的亚热带水域中都有发现。平常在市场上售卖的银鲳鱼大小在30厘米左右。银鲳鱼有着甘美而稠密的洁白色肉质，使用锡纸包裹好之后烧烤，美味无比。

银鲳鱼

八、鮟鱇鱼

鮟鱇鱼也称为琵琶鱼，这种鱼分布在大西洋东部水域，而且在近年来越来越受欢迎。鮟鱇鱼有着褐色和黑色斑纹状的皱褶形的鱼皮。鮟鱇鱼的鱼肉中没有针骨，并且质地硬实，可以在加热烹调的过程中很好地保持鱼肉的形状。鮟鱇鱼的两颊味道甜美，非常适合用来炒和烧烤。

鮟鱇鱼

九、金枪鱼

金枪鱼很容易辨认，它们有着子弹形状的鱼身，逐渐变成尖状的口鼻部位，以及深深分叉的鱼尾。鱼肉中含量非常高的肌红蛋白让金枪鱼肉呈粉红色到深红色的颜色。在加工制作时，可以干制、烟熏以及腌制等，还可以用于制作寿司和刺身。常见的食谱有金枪鱼尼斯沙拉、金枪鱼刺身/寿司、金枪鱼刺身配欧芹酱、照烧金枪鱼。

1. 黄鳍金枪鱼

这种金枪鱼能够生长到2.5米长，从金枪鱼脊背处或者腰部剔取的鱼肉非常瘦且风味醇厚，略带有牛后腿排的风味。而从腹部剔取的鱼肉则脂肪含量很高，在日本料理中深受欢迎。

黄鳍金枪鱼

2. 鲣鱼

鲣鱼也称为带状鲣鱼、带状金枪鱼、巴鲣，最大可以生长到1.1米，在罐头行业中被广泛应用。

鲣鱼

十、大西洋鲭鱼

这是一种具有非常重要的经济价值的远洋鱼类品种，广泛地分布在北大西洋中，在地中海较小的海域中生存。这种鱼可以生长到60厘米长，可以用来铁扒、烧烤以及烤等。

大西洋鲭鱼

十一、带鱼

带鱼也被称为刀鱼、牙带鱼、带状鱼以及叉尾带鱼等。这种鱼因其非常长而细的鱼身而得名。鱼皮大多数呈铁青色或者银色，长长的下巴上生长着犬齿。带鱼在加热烹调时可以铁扒、煎、烘烤，或者烟熏。常见食谱有斯帕托拉带鱼、阿洛酒香带鱼。

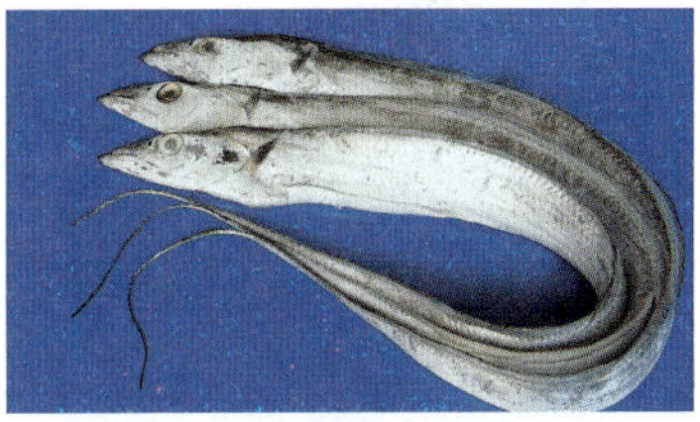
带鱼

十二、凤尾鱼

凤尾鱼个头小、富含油性，分布在大西洋、印度洋及太平洋中。它们通常会群居在温带水域中，而很少到非常寒冷或者非常温暖的水域中活动。生食凤尾鱼时可以使用传统的方式腌制，加热烹调时可以煎。常见食谱有西班牙风味醋腌凤尾鱼、炸鼠尾草风味凤尾鱼、酿馅凤尾鱼、柠檬风味凤尾鱼、香蒜凤尾鱼酱等。

凤尾鱼

十三、罗非鱼

罗非鱼在温暖地区的淡水条件下生长，它是杂食性鱼类，水生植物占其日常饮食的重要部分。罗非鱼常被用来制作风味

罗非鱼

甘美、质地硬实、色泽洁白的鱼肉。在加热烹调时，可以煎、炸、蒸、烘烤、烧烤或者铁扒等。罗非鱼可以搭配鱼子酱、虾酱、香菜、椰子肉、辣椒、高良姜等食用。常见食谱有香煎罗非鱼。

红罗非鱼

红罗非鱼　罗非鱼的颜色因品种而异，就像锦鲤一样。红罗非鱼在色彩上呈粉红色，与灰色罗非鱼的制备加工和烹调加热的方式完全相同。

十四、鳟鱼

大多数鳟鱼都生活在世界各地的淡水水域中，而另外一些品种的鱼类则是溯游而上，迁移到大海中生存，然后再洄游到它们出生的河里产卵。因为鳟鱼会在泥泞的河床上觅食，所以会带有一股土腥味。北美原生的鳟鱼包括虹鳟鱼等，其他受欢迎的品种还包括金鳟鱼以及切喉鳟鱼等。

1. 虹鳟鱼

虹鳟鱼在19世纪末被引入欧洲，因生长快速，而被广泛养殖。在欧洲水域之中，野生的鱼类鲜有生长到超过10千克重的，而在美国，它们则可以生长到重20千克左右。虹鳟鱼可以整条烹调，也可以去掉内脏，或者剔取鱼肉后加热烹调。

虹鳟鱼

2. 海鳟鱼

海鳟鱼也称为欧鳟鱼，是褐鳟鱼迁徙的形态品种，有一种特别甘美而细腻的风味，而不像鲑鱼那么强烈。海鳟鱼可以整条煮熟，或者剔取鱼肉，配荷兰少司和柠檬食用。

海鳟鱼

十五、鲑鱼

鲑鱼是溯河产卵的鱼类，将自己生命周期内的一部分时间用于淡水中，一部分用于海洋中。日本消费了世界上约三分之一的鲑鱼，但鲑鱼也深受世界各地人们的喜爱。

鲑鱼

1. 大西洋鲑鱼

大西洋鲑鱼依据其生命周期中的不同阶段，以及生活在淡水中还是海水中，生长阶段可分为鱼苗期、生长期、幼鲑期、溯河产卵期等。养殖的鲑鱼会在其生长到3.5 ~ 4.5千克时售卖。其鱼肉硬实而滋润，滋味精美。要加热烹调一整条鲑鱼，可以使用一段棉线丈量出鱼身上最厚部分的周长，按照每2.5厘米需要在230℃的温度下，加热4分钟的时间进行计算，成熟后的鲑鱼甘美而多汁。

2. 太平洋鲑鱼

太平洋鲑鱼有几个不同的品种，包括奇努克鲑鱼、红鲑鱼、狗鲑鱼、银鲑鱼、粉红鲑鱼以及樱花鲑鱼等。根据鱼的品种不同，太平洋鲑鱼可以使用各种烹调方法，可以煮、煎、铁扒、烘烤、蒸等，也可以烟熏、干制、盐渍等。

（1）奇努克鲑鱼　也称为国王鲑鱼、太平洋鲑鱼等。这种鲑鱼可以生长到1.5米长，而通常所见到的大小为70厘米左右。这种鱼与大西洋鲑鱼有着类似的富含脂肪的质地和肉质，也适合使用相同的烹调方法。

奇努克鲑鱼

（2）红鲑鱼　这种鱼可以生长到94厘米以上的长度。肉质较瘦、口感醇厚，密实的肉质呈深橘黄色。其加热烹调的时间要比大西洋鲑鱼略微长一点，肉质中缺乏脂肪，因此会在加热烹调的过程中变得干硬。

十六、鳗鱼

1. 欧洲鳗鱼

这种鱼类通常可以生长到大约80厘米长。鳗鱼常会用来油炸食用——欧洲部分地区的美味佳肴。烟熏鳗鱼也是一种美味，鳗鱼肉油性非常大，因此特别适合热熏。要加热烹调新鲜的鳗鱼，通常会在宰杀后的第一时间就剥除鱼皮，然后去除内脏，切成段状或者剔取鱼肉。要制作烟熏鳗鱼，通常会保持整条的鳗鱼。鳗鱼肉会非常硬实，略微坚韧，呈油性的质地。

欧洲鳗鱼

2. 海鳗

海鳗可以在从挪威到塞内加尔的大西洋东部水域捕获到，也可以在地中海和黑海水域捕获到。海鳗可以生长到超过3米长。这种鱼有着一股甘美的，可以媲美猪肉的风味，最佳烹调方法是简单地铁扒之后配上风味黄油一起享用。海鳗鱼肉的质地非常密实，也非常适合煎或者砂锅炖。

海鳗

十七、鳐鱼

团扇鳐　也称洛克鱼、索尼鱼以及梅顿鱼等。团扇鳐分布在大西洋东部水域，从冰岛、挪威、北海以及波罗的海，南到摩洛哥和纳米比亚，还包括地中海和黑海等地的水域内都可以捕获到。大多数的团扇鳐都可以生长到85厘米长。鱼的脊背处呈深浅不一的棕色，有着各种各样的深色斑纹。其味道强烈，最好是煮、烘烤，或者沾上调味面粉煎。

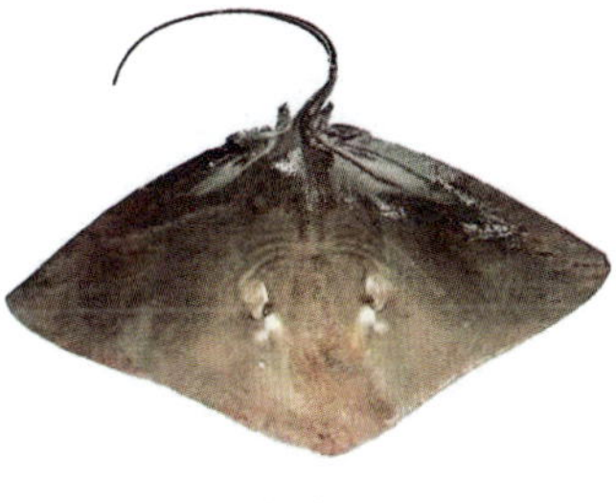

鳐鱼

十八、比目鱼

1. 檬鲽

檬鲽也称为斯密比目鱼、苏格兰鳎目鱼等，可以在北欧的浅海水域捕获到。常见的大小为25～30厘米长。檬鲽有着一股甘美、柔和的滋味和精致的质地。檬鲽只需简单地沾上面粉之后煎熟、铁扒或者煮熟，味道就会非常鲜美。

檬鲽

2. 达布比目鱼

在大西洋东北部有着丰富的达布比目鱼资源，它是一种较小的扁平鱼。达布比目鱼洁白色的肉质最适合新鲜食用，但是其风味非常清淡。达布比目鱼体形较小，因此通常都会在经过修整之后整条带着鱼骨一起用来加热烹调。干制的、盐渍的以及烟熏的达布比目鱼也有售卖。

达布比目鱼

十九、鳎目鱼

龙利鳎鱼　也称作太平洋岸鳎目鱼，它们生活在太平洋东部水域。一般都会剥除鱼皮，并且剔取鱼肉之后进行售卖。龙利鳎鱼有着洁白的瓣状鱼肉，可以油炸、煎或者铁扒。

鳎目鱼

二十、龙利鱼

多佛龙利鱼　也称为普通龙利鱼、舌头鱼或者滑鱼，可以在大西洋东部水域捕获到，或者以小规模的形式养殖。多佛龙利鱼可以生长到70厘米以上。其白色的肉质非常硬实，略带韧性，口感丰富。多佛龙利鱼可以铁扒或者煎。

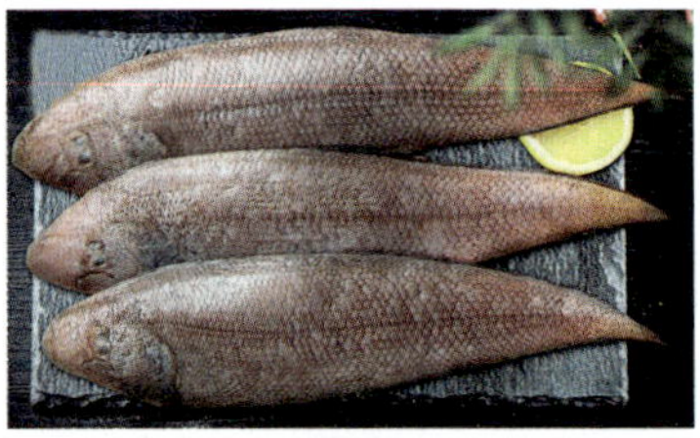
龙利鱼

二十一、多宝鱼

多宝鱼也被称为小鲱鱼，身体扁平呈菱形，两眼位于头部左侧，眼间隔平而宽。身体裸露无鳞，眼侧被少量较小于眼径的骨质撑起。背面呈青褐色，间有点状黑色素，黑色和咖啡色花纹隐约可见。腹面光滑呈白色、无鳞。它肉质紧密厚实，与其他许多白色鱼类不同，非常适合用旺火煸、水煮、煎炸和烧烤。

多宝鱼

项目二
其他水产类

【项目描述】

本项目主要是学习其他水产类如虾、蟹、贝和软体类品种的相关知识内容，为进一步学习西餐烹饪奠定基础。

任务1 其他水产类概述

【任务导入】

1. 如何对虾、蟹类进行品质鉴别？
2. 如何对贝类和软体类进行品质鉴别？
3. 如何对虾、蟹类进行保鲜？
4. 如何对贝类和软体类进行保鲜？

【知识储备】

其他水产类包含虾、蟹、贝和软体类品种。虾类和蟹类属于甲壳类，有着分成段状的身体，没有脊骨，有腿/钳爪，以及两根触须，如龙虾、螃蟹、大虾、小虾以及磷虾等。贝类属于双壳类，一般会生活在两个开合的壳体中。它们通常被称为滤食动物类，是因为它们通过过滤吸入的水进食，从水中提取各种营养物质，然后将水排出，如生蚝、蛤、贻贝以及扇贝等。而通常所说的软体类品种还可以细分为腹足类和头足类，腹足类动物通常会生活在一个盘绕状的壳内，这个组群的种类包括海螺、玉黍螺、蜗牛和法螺等；头足类动物一般头部呈管状，有着若干带有吸盘的手臂，包括章鱼（八爪鱼）、鱿鱼以及墨鱼等。

一、其他水产类的品质鉴别

（一）虾类的品质鉴别

市售的鲜虾以鲜活者为佳，已死的生虾在选购时需认真加以鉴别。

（1）新鲜的虾体形完整，外壳透明光亮，体表呈青白色或青绿色，头节与躯体紧连，肉体硬实而有韧性，须足无损，蟠足卷体，体表无污秽物黏着，无异常气味。

（2）陈腐的虾外壳暗淡无光泽或变红，体质柔软，肉质松软、黏腐，外表被覆黏腻物质，有腥臭味或氨臭味，头节与躯体易脱落，甲壳与虾体易分离，不宜选购。

（二）蟹类的品质鉴别

1. 河蟹的品质鉴别

河蟹一定要选择活的个体，如果河蟹已经死亡则不能食用，因为死河蟹中含有大量的细菌和大量组胺，食用后会产生食物中毒。

（1）优质品　背甲呈墨绿色，腹部白色或灰白色，双螯强健，八足齐全，金爪黄毛；反应敏捷，活泼有力，行动迅速。爬动时，以腹部悬空者为佳；肉质坚实，肌肉含水量少，甲壳坚硬，用手指紧捏蟹脚，蟹脚坚硬。放在手掌上掂量感觉到厚实沉重。

（2）劣质品　背甲呈青黑色或灰黄色，腹部呈黑褐色或黄锈色，螯、足残缺不全，黑爪黑毛；反应迟钝，活动能力弱，爬行时腹部贴底。用手抓起背甲，如发现八足下悬（俗称“撑脚蟹”），则表示该蟹即将死亡，肉质较空，肌肉含水量多，甲壳较软，用手指紧捏蟹脚，蟹脚较软。掂量时给人以空虚轻飘的感觉。

2. 海蟹的品质鉴别

海蟹在捕捞后不能立即上岸出售，一般都以冷藏的方法保持其新鲜度，现在随着科学技术的发展，也能将海蟹活养出售，活海蟹品质鉴别可以参考河蟹的鉴别方法。

（1）新鲜海蟹体表色泽鲜艳，背壳纹理清晰而有光泽；腹部甲壳和中央沟部位的色泽洁白且有光泽；鳃丝清晰，白色或稍带微褐色；肢体连接紧密，提起蟹体时，蟹足不松弛也不下垂。

（2）次鲜海蟹体表色泽微暗，光泽度差，腹脐部可出现轻微的“印迹”，腹面中央沟色泽变暗；鳃丝尚清晰，色变暗，无异味。

（3）腐败海蟹体表及腹部甲壳色暗，无光泽，腹面中央沟出现灰褐色斑纹或斑块，或能见到黄色颗粒状滚动物质；鳃丝污秽模糊，呈暗褐色或暗灰色；肢体连接程度很差，在提起蟹体时蟹足与蟹背呈垂直状态，足残缺不全。

（三）贝类的品质鉴别

（1）优质品　挑选贝类时一定要检查是否新鲜，贝口紧合者一般为活品。迅速遮挡住待挑选贝类的主要光源，健康的贝类应迅速地闭合。腹足肉完整，在闭合时没有外露。贝类体大，肉肥者为好。

（2）劣质品　迅速遮挡住待挑选贝类的主要光源，反应不灵敏的；腹足肉不完整，在闭合时外露过多；贝类体小，肉瘦者最好不要挑选。

（四）其他软体类的品质鉴别

软体类动物品质鉴别方法大体相同，下面以鱿鱼为例进行品质鉴别。

1. 新鲜的鱿鱼

通过闻味道，没有臭味或其他气味。看外表，鱿鱼身上覆盖了一层紫色的膜，观察此膜与肉粘连的程度，如果很难撕掉，则很新鲜。内脏完好，没有破裂渗出。

2. 干鱿鱼

优质干鱿鱼形体完整、均匀，呈扁平薄块状，肉腕无残缺，肉体洁净、无损伤；肉质结实、肥厚。颜色呈黄白色或粉红色，半透明，体表略有白霜。

劣质干鱿鱼形体不完整、有断头，肉腕残缺，肉体损伤甚至掉头断腕，肉体松软而瘦薄，表面干枯。肉质颜色深暗，白霜过厚，不透明，背部呈黑红色或暗灰色。

二、其他水产类的保鲜和储存

（一）虾的保鲜和储存

1. 保鲜盒冷冻法

把虾须和虾枪剪掉后整齐地码在保鲜盒里，不用放水，盖好盒盖，保证没有缝隙，直接放入冰箱速冻。吃的时候拿水果刀轻轻一撬就都下来了，这样的虾和刚买来鲜活的虾的肉质口感是一样的，可以保存到来年有鲜虾的时候。

2. 保鲜袋冷冻法

把新买来的虾剪去虾须和头上的刺，以免扎破袋子失去保鲜效果，摆直放入保鲜袋内。摆满袋子后，在袋子外面再套上3个同样的保鲜袋，用透明胶封好，直接放入冰箱。然后把冰箱调至最高档8～10小时，这样既冷冻得好又保鲜。吃的时候拿出一袋，放入水中解冻即可。

（二）蟹的保鲜和储存

1. 室温保鲜

如果室温能保持在15～25℃，是完全可以把螃蟹放到室温下存放的。我们只需要把螃蟹放到比较大的盆子里，然后定时给它们喷洒一些水，保持湿度，这样也可以保存3～5天的时间，随吃随取，非常方便。

2. 水养保鲜

还可以把吃不完的螃蟹放到一个桶里，桶比较深，而且内壁光滑，可以防止螃蟹爬出来。然后我们在桶里倒上少许清水，注意水一定不能放太多，千万不要没过螃蟹，不然水里的氧气耗光，会把螃蟹闷死。只需要加少许清水，保证螃蟹的湿度就可以了。然后再投放一些芝麻末、碎鸡蛋等食物，这样螃蟹能养5～10天，随时抓上来就能吃，非常新鲜。

3. 冷藏保鲜

把螃蟹的腿都用绳子捆起来之后，放到冰箱冷藏室，然后在螃蟹上盖上一块湿毛巾进行保存，这样也可以保证螃蟹2～3天不死。把蟹腿捆起来是为了减少螃蟹的体力消耗，延长寿命；而盖湿毛巾则是为了保持螃蟹的湿度，一定不能少。

（三）贝类和其他软体类的保鲜和贮藏

（1）新鲜的贝类海鲜可以放进水中养着，也可以放进冰箱中冷藏保存，这样可以起到较好的保鲜作用。

（2）如果买的是冷冻产品，买回家之后直接放在冰箱中冷冻保存即可，这样做可以有效延长保存期限。

（3）贝类海鲜在购买时一定要买鲜活的，死了的贝类食物是不建议购买和食用的，生活中常见的冰冻类多是纯肉类。

任务2 常见的其他水产类

【任务导入】

1. 西餐中常用虾类、蟹类、贝类以及软体类品种有哪些？各有什么特点？
2. 常见的虾类、蟹类、贝类以及软体类品种有哪些烹饪用途？

【知识储备】

一、虾

1. 美国龙虾

美国龙虾也称为缅因龙虾，和欧洲龙虾是近亲，有两只大螯，其重量约占龙虾体重的15%。美国龙虾最大可达15千克。爪子里面都是稠密而甘美的肉质，可以整个剔取出来，用来装饰菜肴。

美国龙虾

2. 岩龙虾

岩龙虾通常分布在大西洋的西部，从美国北卡罗来纳州到巴西，以及墨西哥湾和加勒比海一带。其肉质主要还是集中在尾部的虾壳内。岩龙虾可以煮、蒸、炸和铁扒等。也可以将虾尾肉切成丁炒，或者添加到汤菜和炖菜中。常见的食谱有柠檬大蒜煮岩龙虾、烧烤岩龙虾。

3. 挪威海螯虾

挪威海螯虾也称挪威龙虾及海螯虾等。这种虾因其甘美而鲜嫩的肉质而备受推崇，价格昂贵。挪威海螯虾可以煮、烤、煎或者制作香酥虾。

岩龙虾

挪威海螯虾

北美淡水小龙虾

4. 北美淡水小龙虾

这种淡水小龙虾原产于北美，它们在那里的淡水池塘里、湖泊里、河流中以及溪流中茁壮成长。这是一种非常健壮的生物，非常容易养殖。由于小龙虾的个头并不大，只有10~15厘米大小。淡水小龙虾可以用来煮或者炒熟，常见食谱有什锦小龙虾、炖小龙虾。

5. 褐虾

褐虾是欧洲最常见的虾，最大的有6厘米长。呈半透明的灰色或褐色，熟时变褐色。在盐水中短暂煮沸后，把肉从尾巴上剥下来吃。

6. 中美洲虾

这是一种非常受欢迎的虾类品种，在拉丁美洲和南美国家都有养殖，这些白色大虾在经过捕捞之后，进行分级并冷冻之后出售。通常个头都很大，超过25厘米，它们口感香醇而甘美。其虾皮可以给贝类海鲜高汤提供一种美味的装饰。

7. 大黑虎虾

这是一种肉质敦厚的热带大虾，可以生长到35厘米长，在全球范围内都可以捕捞到，并被广泛养殖。烧烤大黑虎虾时，要剪掉虾腿和触须，然后扭转虾身，并将尾部拔除。其滋味圆润甜如蜜，并且汁液饱满。

褐虾

中美洲虾

大黑虎虾

二、蟹

1. 蓝蟹

蓝蟹原产于西大西洋一带水域，目前这种螃蟹在日本和欧洲水域都能捕获到。蓝蟹在快要到其蜕壳期时，会收缩到身体中，这样，一旦背甲脱落，就会露出柔软而美味的螃蟹身体，此时是捕捞它们的时节。这些螃蟹中取出的蟹肉，可以用来制作蟹饼、汤菜以及蘸酱等。蓝蟹出品的旺季通常是晚春时节和初夏时节。

2. 珍宝蟹

珍宝蟹属于黄道蟹科组群，分布在太平洋海域，从美国阿拉斯加州到加利福尼亚州。珍宝蟹可以生长到25厘米以上，风味甘美，在海鲜拼盘中是一种非常受欢迎的螃蟹。

3. 红色帝王蟹

来自石蟹科的帝王蟹也被称为石蟹，以其特别肥美多汁而风味绝佳的蟹腿肉而深受欢迎。红色帝王蟹是这一组群中个头最大的螃蟹之一，其蟹腿可以长到1.8米长。

蓝蟹

珍宝蟹

红色帝王蟹

三、贝类

1. 扇贝

海扇贝通常称之为扇贝，是所有的贝类海鲜中最受欢迎的海鲜之一。在世界各大海洋中均可以捕捞到，扇贝生存在比大多数的贝类海鲜更深的水中。大约有超过500个不同的扇贝品种。扇贝可以用来煎、蒸、煮、烧烤、铁扒、与腌肉一起煎，也可以制作腌扇贝和寿司。常见食谱有培根煎扇贝、豆豉炒扇贝、酱油和姜炒扇贝、焗扇贝等。

扇贝

（1）扇贝王　这种扇贝分布在欧洲北部的深水区域内，并且在许多欧洲国家都深受欢迎。扇贝王最佳烹调方式是用大火煎，每一面只需在热锅内加热大约1分钟即可。

（2）女王扇贝　女王扇贝有着甘美而清淡的滋味。最适合炒或者用在炖鱼中。

2. 贻贝

贻贝也称海虹，煮熟后加工成干品——淡菜。贻贝是一种双壳类软体动物，壳黑褐色，生活在海滨岩石上。贻贝可以蒸、烤以及铁扒等。

贻贝

（1）青口贝　这种贻贝可以生长到24厘米长。青口贝有着深褐色的外壳，边缘处呈翠绿色。其肉质非常厚实，十分耐嚼，风味非常浓郁。

（2）紫贻贝　也称为蓝色贻贝，紫贻贝外壳颜色多样，从褐色到蓝紫色不等。紫贻贝的滋味略微有点咸鲜，有着浓郁的海洋风味。

青口贝

紫贻贝

3. 生蚝

生蚝也称为牡蛎，是世界第一大养殖贝类，是人类可利用的重要海洋生物资源之一，为全球性分布种类。供人食用的牡蛎品种通常都来自牡蛎属和巨牡蛎属。它们不仅肉鲜味美、营养丰富，而且具有独特的保健功能和药用价值，是一种营养价值很高的海产珍品。生蚝生食时可以半壳供应，在加热烹调时可以炸、煎、煮、铁扒以及烘烤等。生蚝可以搭配红葡萄酒醋、美国辣椒汁、柠檬汁、黄油等多种风味。常见的食谱有半壳生蚝配葱醋、洛克菲勒焗生蚝、生蚝三明治。

（1）欧洲扁蚝　通常摆放在碎冰上生食，搭配由柠檬汁、美国辣椒汁以及葱醋制作成的少司一起食用。

（2）太平洋生蚝　这种被广泛养殖的生蚝，根据其生长环境的不同，味道也各不相同。味道从烟熏味到青草味以及酸味不等，从牛乳味到奶油味不一。

生蚝

生蚝（打开）

4. 蛤

（1）象拔蚌　也称为太平洋陆蛤或海蛤之王，原产地在美国和加拿大北太平洋沿海。因其又大又多肉的虹管，被人们称为“象拔蚌”。其虹管全部伸展开可以达到70厘米长。象拔蚌的肉质非常老韧，但是风味浓郁。

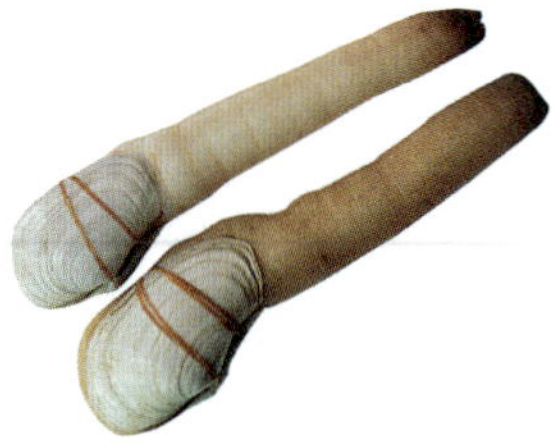
象拔蚌

（2）蛏子　通常在生长到12厘米或者更长一些的时候进行捕获。最适合蒸食或者铁扒（但是容易变老）。从其外壳上取下甘美而鲜嫩的海蛏肉，将其胃部丢弃不用。片开之后可以用来制作像酸橘汁腌鱼一类的菜肴。

（3）阿曼达蛤　也称为狗蛤，这种海蛤在欧洲海岸都可以捕获到。它比大多数海蛤的质地更加坚硬，所以非常适合用来制作杂烩和酿馅。在欧洲，阿曼达蛤也可以生食，味道甘美、醇厚，比较耐嚼。

（4）鸟蛤　鸟蛤用来制作沙拉会非常美味可口，或者配上一种简单制作的调料汁当作头盘菜享用。它们有着甘美的海洋风味，会有一点老，但新鲜出锅的鸟蛤可以让人一饱口福。

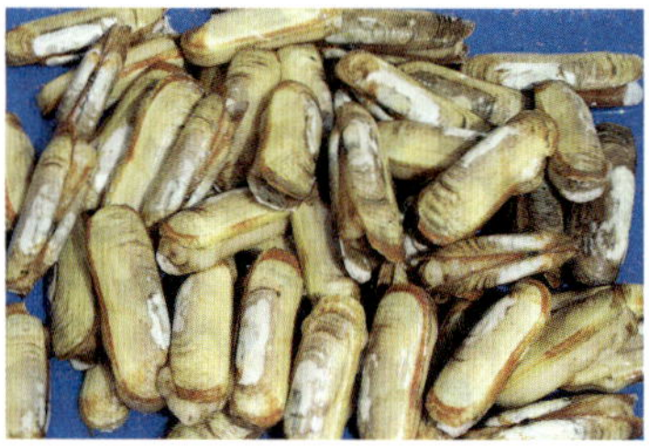
蛏子

阿曼达蛤

鸟蛤

四、其他软体类

1. 鱿鱼

鱿鱼

鱿鱼头部两侧具有一对发达的鳃围绕在口周围。常活动于浅海中上层，垂直移动范围达百余米。身体细长，呈长锥形，以磷虾、沙丁鱼、银汉鱼、小公鱼等为食，本身又为凶猛鱼类的猎食对象。生鱿鱼可以用来制作寿司，加热烹调时可以煎、炒、炸、炖或者砂锅煲等。鱿鱼圈或者小块鱿鱼，可以铁扒或者煮。整个的鱿鱼管，切开成为大片，并切割上花刀，用来烧烤，味道鲜美。鱿鱼管也可以用咸香风味的面包糠混合物、粟、藜麦，或者大米来酿馅。经典食谱有炒鱿鱼、墨汁鱿鱼、大米酿馅鱿鱼、麻辣鱿鱼等。

2. 章鱼

章鱼

章鱼体呈短卵圆形，囊状，无鳍；头与躯体分界不明显，章鱼的头胴部7～9.5厘米，头上有大的复眼及8条可收缩的腕，每条腕均有两排吸盘。章鱼在亚洲烹调中非常流行，也是夏威夷美食的主要部分。在欧洲，西班牙是章鱼最大的消费国，其次是葡萄牙。章鱼可以用来炖或焖，更小一些品种的章鱼或者小章鱼，可以经过烫制使其成熟，腌制好之后食用。经典食谱有炖章鱼、腌泡章鱼、腌制章鱼、红酒章鱼等。

3. 乌贼

乌贼也称墨鱼、墨斗鱼，是软体动物门头足纲乌贼目的动物，与章鱼和枪乌贼近缘。口感甘美，海鲜味浓郁，质地硬实，肉质醇厚，墨鱼在许多国家都被当作是一种美味佳肴。墨鱼在中餐、日本料理、韩国菜、西班牙菜以及意大利菜中特别受重用。墨鱼头部可以切成薄片用来煎、炸，或者烘烤；其八只爪和两条触须最适合用来慢火炖熟，非常受欢迎。经典食谱有辣炒墨鱼、葡萄酒炖墨鱼、托斯卡纳墨鱼沙拉。

乌贼

4. 海参

海参属于无脊椎动物、棘皮动物门、海参纲。海参分布于世界各海，种类最多的是印度洋—西太平洋区，尤其是食用海参，大多分布在热带珊瑚礁内。在我国，海参被认为是一种美味佳肴。海参在菲律宾和欧洲部分地区也很受欢迎，特别是在巴塞罗那等地。海参加热烹调时，浸泡并用小火炖，或者焖。经典食谱有蘑菇烧海参、炖海参。

海参

5. 海胆

海胆是一类生活在海洋浅水区的无脊椎动物，主要特征为体呈球形、盘形或心脏形，无腕。海胆在日本料理、意大利菜、西班牙菜以及经典的法国菜肴中都有一席之地。海胆的入口在它的底部，通过其嘴部，可以用刀将海胆打开。首先将内脏取出去掉，然后用勺子将其乳脂状的橙色子舀出。其子的量较小，相对价格也较高，能够提供一种浓郁的奶油风味，非常像海藻的滋味。海胆通常生食，经典食谱有海胆意面、海胆蛋卷。

海胆

6. 蜗牛

蜗牛种类比较多，最常见的是法国庭院蜗牛，在法国被作为可以食用的蜗牛。最初蜗牛是在特定节日期间食用的，但已成为传统的新年款待宾客的佳肴。蜗牛不仅在法国深受欢迎，在西班牙也很流行，在传统的食谱中有着鲜明的特色，如西班牙肉菜饭（海鲜米饭）等。蜗牛有着弹性的，轻微的砂质感，淡淡的咸香滋味。蜗牛的常用烹调方法是烘烤。经典食谱有大蒜黄油焗蜗牛、玉米粥蜗牛。

蜗牛

【模块测验】

1. 常见的鱼类品种有哪些?
2. 鱼类的烹饪用途有哪些?
3. 常见的虾类品种有哪些?
4. 常见的蟹类品种有哪些?
5. 常见的贝类品种有哪些?
6. 常见的软体类品种有哪些?
7. 如何对鱼类进行品质鉴别?
8. 如何对虾、蟹、贝类进行品质鉴别?
9. 如何对水产类原料进行保鲜和贮藏?

模块五

谷类原料

知识目标

❶ 掌握谷类原料的概念。

❷ 了解谷类原料的特点。

❸ 掌握谷类原料的分类情况。

❹ 了解谷类原料的保管方法。

能力目标

❶ 能科学、完整地描述谷类原料的概念。

❷ 能熟练地对谷类原料进行分类。

❸ 会很好地保管谷类原料。

项目一
谷类

【项目描述】

本项目主要是学习谷类原料的相关知识，为进一步学习西餐烹饪奠定基础。

任务1 谷类概述

【任务导入】

1. 谷类原料在人们日常生活中的地位如何？
2. 如何鉴别谷类的品质？
3. 如何对谷类进行保鲜和储存？

【知识储备】

谷类也称粮食，是以收获成熟果实为目的，经去壳、碾磨等加工程序而成为人类基本食粮的一类作物原料。谷类为食物中热量的主要来源，且因易于种植、运输和贮存，是历史上最早驯化、当前栽培面积最大的作物。

常见的谷类有稻米、小麦、玉米、大麦、燕麦、黑麦、粟、黍、高粱、薏苡等禾本科植物的种子。蓼科的荞麦、藜科的藜谷以及苋科的苋谷等，因其用途与禾本科粮食作物相似，通常也归入谷类作物，或名为假谷类。

谷类无论从味道、食用形态，还是从营养成分来看，都适宜作主食，如各种米饭、粥、面条、馒头等，而且三餐不厌，还可制作各式西点等。

一、谷类的品质鉴别

感官鉴别谷类质量的优劣时，一般依据色泽、外观、气味、滋味等项目进行综合评价。眼睛观察可感知谷类颗粒的饱满程度，是否完整均匀，质地的紧密与疏松程度，以及其本身固有的正常色泽，并且可以看到有无霉变、虫蛀、杂物、结块等异常现象，鼻嗅和口尝则能够体会到谷物的气味和滋味是否正常，有无异臭异味。其中，注重观察其外观与色泽在对谷类做感官鉴别时有着重要的意义。

1. 色泽

良质稻谷：外壳呈黄色、浅黄色或金黄色，色泽鲜艳一致，具有光泽，无黄粒米。

次质稻谷：色泽灰暗无光泽，黄粒米超过2%。

劣质稻谷：色泽变暗或外壳呈褐色、黑色，肉眼可见霉菌菌丝。有大量黄粒米或褐色米粒。

2. 外观

良质稻谷：颗粒饱满，完整，大小均匀，无虫害及霉变，无杂质。

次质稻谷：有未成熟颗粒，少量虫蚀粒、生芽粒及病斑粒等，大小不均，有杂质。

劣质稻谷：有大量虫蚀粒、生芽粒、霉变颗粒，有结团、结块现象。

3. 气味

良质稻谷：具有纯正的稻香味，无其他任何异味。

次质稻谷：稻香味微弱，稍有异味。

劣质稻谷：有霉味、酸臭味、腐败味等不良气味。

二、谷类的贮藏

1. 调节温度

谷类本身在呼吸时会放出热量，积聚在粮堆的热量，会引起温度升高。因此谷类在保管中不要堆积过多，应通风，温度在20℃以下较为适宜。

2. 控制湿度

谷类具有吸水性，在潮湿环境中易吸收水分，会发生霉变。因此，在保管中除注意湿度影响外，堆放时要用高架，并放置铺垫物。

3. 避免污染

谷类中的蛋白质、淀粉具有吸收各种气味的特性，保管谷类不能将有异味的物质如咸鱼、熏肉、香料等堆放在一起，否则会吸附异味，影响谷类的品质。

因此，根据谷类的特性，保管谷类时要做到：存放地点必须干燥、通风、切忌高温、潮湿；要避免异味、异物的污染，堆放时要保持一定的空间，与墙壁保持一定的距离；还要注意鼠害、虫害等。

任务2 常见的谷类

【任务导入】

1. 西餐中常用谷类原料有哪些？各有什么特点？
2. 谷类原料的烹饪用途有哪些？

【知识储备】

1. 大米

大米，也称稻米，是稻谷经清理、砻谷、碾米、成品整理等工序后制成的食物。大米中含碳水化合物75%左右，蛋白质7%～8%，脂肪1.3%～1.8%，并含有丰富的B族维生素等。

大米

2. 小麦

小麦是小麦属植物的统称，代表种为普通小麦，禾本科植物，是一种在世界各地广泛种植的谷类作物。据联合国粮农组织统计资料，世界上种植的谷类作物无论播种面积还是产量，小麦都居谷类作物中首位。小麦磨成面粉后可制作面包、馒头、饼干、面条等食物，发酵后可制成啤酒、酒精、白酒等。

小麦

3. 大麦

世界谷类作物中，大麦的种植总面积和总产量仅次于小麦、水稻、玉米，而居第四位。大麦与小麦的营养成分近似，但纤维素含量略高，碳水化合物含量较高，蛋白质、钙、磷含量中等，含少量B族维生素。因为大麦谷蛋白（一种有弹性的蛋白质）含量少，所以不能做多孔面包，可做不发酵食物。可磨成大麦粉或大麦碎使用。大麦可做主食，在西餐制作中，大麦粉可制作全麦面包、麦片糕等。大麦还有一大用途是制造啤酒和麦芽糖。

大麦

4. 荞麦

荞麦经过几千年的传播和种植，在全世界除南极洲外，亚洲、非洲、北美洲、南美洲、欧洲、大洋洲均有栽培。荞麦的颜色是独特的褐色，并呈三角形。在食用时，通常磨制成粉状来使用。

荞麦

5. 燕麦

燕麦，也称皮燕麦，原产于欧洲和地中海一带，现我国西北、内蒙古、东北一带种植较多。其果腹面有纵沟，布稀疏茸毛，成熟时内外稃紧抱籽粒不易分离。

燕麦可加工成燕麦片、燕麦碎及燕麦粉，主要用于一些粗面包、甜燕麦饼、饼干等的加工。

燕麦

6. 藜麦

藜麦，原产于南美洲安第斯山区，是印加土著居民的主要传统食物，有5000~7000年的食用和种植历史，由于其具有独特的营养价值，古代印加人称之为“谷类之母”，主要分布于南美洲的玻利维亚、厄瓜多尔和秘鲁，具有耐寒、耐旱、耐瘠薄、耐盐碱等特性，是喜冷凉和高海拔的作物。种子颜色主要有白、红、黑三色系，不同品种种子大小和颜色有差异，白色系大多品种为乳白、淡灰、淡黄，深色系品种颜色为黑、红、褐、棕红等。藜麦可加工成麦碎及麦粉，主要用于一些面包、麦饼、饼干等的加工。

藜麦

7. 玉米

在美洲被广泛地种植和食用，玉米也是非洲、罗马尼亚、意大利北部和马来西亚等不同地区的主要粮食作物。玉米中完全不含谷蛋白，但却富含人体所必需的脂肪酸、碳水化合物、维生素、钾以及镁等。在许多的烹饪文化中都会将其研磨并进行熬煮，以制作成具有黏附性的、糊状的浓粥。玉米可以单独配烤肉类菜肴一起食用，可以加入香草和干酪调味，或者加入甜味，用来制作成一种非常适口的布丁。

玉米

8. 小米

小米在亚洲、非洲、美国以及欧洲等地被广泛种植，作为一种烹饪原材料，通常被认为是农村贫困百姓的食物，从而没有引起人们足够的重视。小米质轻而风味温和，用途广泛，娇小的念珠状的谷粒很快就可以被加热成熟，小米的吸水性良好，所以少量的小米就可以毫不费力地满足果腹之需。作为一种耐寒植物，成熟程度也能比其他谷类作物快得多。

小米

9. 黑麦

黑麦，果长圆形，淡褐色。我国主要栽培于北方山区或在较寒冷地区。现广泛种植于欧洲、亚洲和北美，俄罗斯和乌克兰约占世界产量的1/3，其他主产国是波兰、德国、阿根廷、土耳其和美国。在西餐制作中，主要用做面包，除小麦外，黑麦是唯一适合做面包的谷类，但由于其缺乏弹性，常同小麦粉混合使用。因黑麦粉颜色发黑，全部用黑麦粉做的面包称黑面包。黑麦也可用来做黑啤、榨油、酿酒、饲养家畜等。

黑麦

项目二
谷类制品

【项目描述】

本项目主要是学习谷类制品的相关知识，为进一步学习西餐烹饪奠定基础。

任务1 谷类制品概述

【任务导入】

1. 如何对面粉进行分类？
2. 如何对面粉进行品质鉴别？

【知识储备】

谷类制品是指以粮食为原料，经加工制作而得到的成品或半成品。谷类制品品种多样，主要包括大米制品和麦面制品、玉米制品及杂谷制品，许多制品作为人们的主食，社会消费量极大。

在谷类制品中，面粉是最主要的一类，在烹饪应用中最为广泛。

一、面粉的分类

由于分类标准不同，面粉的分类方法也不同。

1. 按加工精度分类

面粉按加工精度和用途可分为等级粉和专用粉两大类。

（1）等级粉　按加工精度不同，可分为特制粉、标准粉、普通粉三大类。

（2）专用粉　是利用特殊品种小麦磨制而成的面粉，或根据使用目的，在等级粉的基础上加入食用增白剂、食用膨松剂、食用香精或其他成分，混合均匀而制成的面粉。专用粉的种类多样，配方精确，质量稳定，是制作高质量制品的主要原料。

2. 按蛋白质含量分类

面粉按蛋白质含量可分为高筋面粉、中筋面粉和低筋面粉。

（1）高筋面粉 又称强筋面粉，其蛋白质和面筋含量高。蛋白质含量为12%～15%，湿面筋值在35%以上。最好的高筋面粉是加拿大产的春小麦面粉。高筋面粉适宜制作面包、起酥点心、泡芙点心等。

（2）中筋面粉 介于高筋面粉和低筋面粉之间的一类面粉。蛋白质含量为9%～11%，湿面筋值为25%～35%。美国、澳大利亚产的冬小麦粉和我国的标准粉及普通面粉都属于这类面粉。中筋面粉适宜制作大型水果蛋糕、肉馅饼等。

（3）低筋面粉 又称弱筋面粉，其蛋白质和面筋含量低。蛋白质含量为7%～9%，湿面筋值在25%以下。英国、法国和德国的弱力面粉属于这一类。低筋面粉适宜制作蛋糕、甜酥点心、饼干等。

二、面粉品质鉴别的基本要求

面粉的品质检验主要是通过感官检验来对面粉的颜色、气味、水分、杂质、面筋质及新鲜度等方面来检验。

1. 颜色

面粉的颜色主要取决于小麦的品种、面粉的含麸量及加工的精度。颜色越白，加工的精度越高。但随着加工精度的提高，营养成分特别是维生素含量越低。若贮存的时间过长或者环境潮湿，面粉颜色也会加深。

2. 气味

新鲜的面粉有正常的清香气味，如因保管贮存不善，会使面粉带有霉味，甚至腐败味。

3. 水分

面粉的含水量是评判面粉质量的一个重要方面，我国规定面粉的含水量为12%～13%。面粉由于失去表皮的保护，不仅易受病虫和微生物的污染，而且极易吸收空气中的水分。正常的面粉用手捏有滑爽的感觉，如含水量过高，则易发热、结块、发霉和生虫，不易贮存。

4. 杂质

面粉中的杂质主要是由于加工清理不善，小麦在贮存及运输过程中使沙土等杂质混入等方面的原因，造成面粉加工时夹有杂物，食用时有牙碜的感觉。

5. 面筋质

面粉中的面筋质是决定面粉质量的重要指标。其主要成分由麦胶蛋白和麦谷蛋白构成。它可使面粉制品的体积增大并保持固定形态。因此，面粉中的面筋质含量越高，相对而言，面粉的品质就越好。

6. 新鲜度

面粉的新鲜度是鉴定面粉品质最基本的标准。新鲜的面粉有正常的色泽和口味，凡带有异味、霉味，或出现颜色发深、发霉结块等现象均表明面粉已经变质。

任务2 常见的谷类制品

【任务导入】

1. 西餐中常用谷类制品有哪些？各有什么特点？
2. 谷类制品的烹饪用途有哪些？

【知识储备】

1. 面粉

面粉是由小麦经磨制加工后而得到的产品，也称小麦粉，是面点制作的主要原料。按面粉中蛋白质含量的多少，可以分为高筋面粉、中筋面粉和低筋面粉。

2. 米粉

米粉是各种大米经磨制后的粉状成品，以糯米粉应用较多。由于大米的品种质量不同，米粉的质量也不同。米粉主要应用于各种小吃以及用米粉制作的各种点心中。

3. 藜麦粉

可以添加到所有的甜味和咸香风味的烘焙食品中的一种营养丰富的原材料，但是藜麦粉中无谷蛋白，因此需要与膨松剂，如泡打粉等混合好之后使用。可以与小麦面粉混合后使用，有助于让藜麦粉带有一种更加甘美的风味。

4. 荞麦粉

荞麦是唯一作粮用的蓼科双子叶植物，起源于中国。荞麦粉是做薄饼的麦粉之一，具有较好的营养保健作用。在日本，荞麦粉用来制作咸香风味的粥，与一种大酱少司一起食用。对于烘烤

面粉

米粉

藜麦粉

食品来说，将面粉与荞麦粉或者玉米粉按照1：3或者1：4的比例混合使用效果非常好。

5. 玉米面

与其他的面粉类产品相比，玉米面是一种粗磨的粉类，可以购买到白色、蓝色和黄色的玉米面品种。常用于烘焙类食品中，有时候也用来作为挂糊材料使用。

6. 小米面

这种无谷蛋白型的小米面，不会制作成发酵良好的面包，但它与其他面粉混合后使用效果很好。可以用来制作成面糊，也可以用来制作某些蛋糕、饼干以及牛奶布丁等。

7. 燕麦片

燕麦片是将整粒的燕麦或者燕麦碎粒采用蒸制的方法使其变得柔软，然后擀压成片状。在制作燕麦粥、燕麦饼以及什锦燕麦时所使用的标志性的原材料，也是面包面团，包括斯堪的纳维亚薄脆饼干等可以添加的最受欢迎的风味原材料。

8. 黑麦面粉

黑麦面粉中有足够的谷蛋白来让蛋糕和面包涨发起来，但是通常黑麦面粉都会与小麦面粉混合后使用，以增强其质地，并缓和其浓郁的水果风味。深色黑麦面粉和浅色黑麦面粉在烹调中用途一样，但是后者的味道会更温和一些，颜色也更浅一些，这是由于在加工过程中将麸皮和胚芽都去掉的缘故。

9. 大米面

清淡、无谷蛋白的大米面可以使用任何一种大米研磨而成。大米面中最常见的是糯米面（糯米粉），在亚洲被用来制作汤团、可丽饼、蛋糕以及甜食等。而褐色的大米面，对于那些有特殊饮食爱好的人们来说，非常适合用于制作蛋糕、面包和饼干/曲奇等。

荞麦粉

玉米面

小米面

燕麦片

黑麦面粉

大米面

10. 意大利细面条

意大利细面条是世界著名的意大利面的形状，这或许是这种意大利面是最古老的、使用最广泛的原因之一——可以使用任何一种原材料，从最简单的大蒜、辣椒以及橄榄油到奶油火腿少司等。意大利细面条通常会有25厘米长和1.5毫米的直径，也可以更长一些。意大利细面条可以用不同的颜色和不同的面粉制作而成。

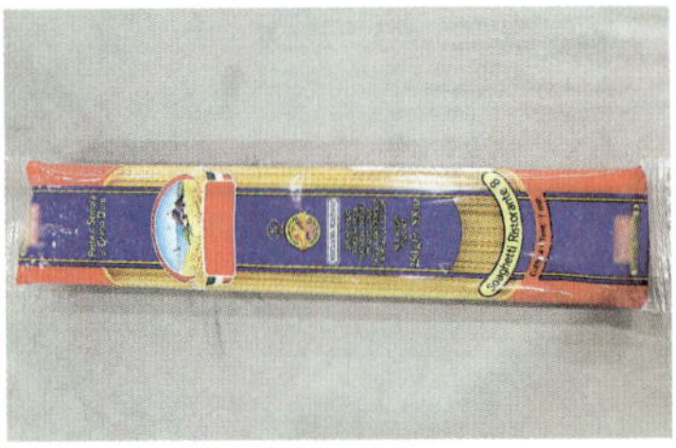

意大利细面条

11. 通心粉

在意大利南方地区，通心粉就是意大利面的代名词，但是在其他地区，通常用来指细滑的或者有棱角的、短的、管状意大利面，可以用来制作干酪通心粉和其他烘烤类的菜肴，如烤天巴鼓意大利面。

通心粉

12. 斜管面

斜管面是鹅毛笔状的意大利面，用途非常广泛，并且很容易成熟。里斯科斜管面四周光滑，而里格特斜管面则带有棱纹；小号的斜管面和大号的斜管面均可以购买到。斜管面经典的搭配是番茄和辣椒少司，斜管面用来制作成沙拉或用于烘烤效果也非常好。

斜管面

13. 古斯米

古斯米经常会因为其呈颗粒状，而被误认为是谷物，但是实际上，古斯米是一种经过加工后的类似于意大利面一样的产品。正如意大利面一样，最常见的制作方法是使用硬质小麦制成的粗面粉来制作的。

古斯米

【模块测验】

1. 常见的谷类有哪些？
2. 常见的谷类制品有哪些？
3. 如何对谷类原料进行品质鉴别？
4. 面粉的分类有哪些？

模块六

蔬菜、果品类原料

知识目标

1. 掌握蔬菜、果品类原料的概念。
2. 了解蔬菜、果品类原料的特点。
3. 掌握蔬菜、果品类原料的分类情况。
4. 了解蔬菜、果品类原料的保管方法。

能力目标

1. 能科学、完整地描述蔬菜、果品类原料的概念。
2. 能讲述蔬菜、果品类原料的发展情况。
3. 能熟练地对蔬菜、果品类原料进行分类。
4. 会很好地保管蔬菜、果品类原料。

项目一 蔬菜类

【项目描述】

本项目主要是学习蔬菜类原料相关知识内容，为进一步学习西餐烹饪奠定基础。

任务1 蔬菜类概述

【任务导入】

1. 蔬菜类原料在人们日常生活中的地位如何？
2. 蔬菜如何进行分类？
3. 蔬菜类原料的烹饪用途有哪些？
4. 如何鉴别蔬菜的品质？
5. 如何对蔬菜进行保鲜和储存？

【知识储备】

蔬菜一般指可供佐餐的草本植物总称，也包括食用菌类、蕨类、藻类植物及少数可作副食品的木本植物的嫩茎、嫩芽、嫩叶蔬菜的可食部分，有的是柔嫩的叶子，有的是新鲜的种子和果实，有的是膨大的肉质根或块茎，有的是嫩茎、花球或幼芽，其中许多是变态器官，如肉质根、块根、根茎、块茎、球茎、鳞茎、叶球和花球等，因此蔬菜的范围很广。

一、蔬菜的分类

1. 根据蔬菜的来源分类

根据蔬菜的来源可分为人工栽培蔬菜和野生蔬菜。

2. 根据其构造和可食用部位分类

（1）叶菜类　以蔬菜的叶片和叶柄为主要食用部位，如大白菜、小白菜、菠菜、油菜等。

（2）茎菜类　以蔬菜的茎为主要食用部位，根据部位不同，又可分为地上茎、根茎、块茎、球茎、鳞茎等。地上茎如莴苣、茭白、芦笋等；根茎如藕、姜等；块茎如马铃薯、山药等；球茎如荸荠、慈姑等；鳞茎如洋葱、百合等。

（3）根菜类　以蔬菜的根为主要食用部位，如萝卜、胡萝卜等。

（4）花菜类　以蔬菜的花为主要食用部位，如菜花、黄花菜、荷花等。

（5）果菜类　以蔬菜的果实及幼嫩的种子为主要食用部位，又分为茄果类、荚果类和瓜果类。茄果类如辣椒、茄子、番茄等；荚果类如刀豆、蚕豆、毛豆等；瓜果类如冬瓜、黄瓜、南瓜等。

（6）食用菌藻类　主要是食用菌类和食用藻类。食用菌类如木耳、银耳、香菇等；食用藻类如海带、紫菜等。

二、蔬菜类原料的烹饪用途

西餐对加工处理好的蔬菜，常采用煮和蒸、炒和煎、炖、烤、炸的方法烹调。几乎所有蔬菜都要通过煮或蒸来制作，这是两种最常见的方法，因其简单、经济且适用。多数情况下，在蒸和煮之后再进行其他步骤，比如放入黄油、调料以及汤汁；或用黄油在很短的时间快炒；或再采用其他烹制方法。

芹菜、卷心菜在中餐中多炒制成菜，西餐则可加工成炖卷心菜、炖芹菜，加热时间20～30分钟。对淀粉多的蔬菜，如马铃薯、冬南瓜、甜薯等从生到熟烤制，干性加热法能产生理想的效果，如上色或糖的焦化。茄子、青椒、蘑菇、番茄、洋葱、小胡瓜可以直接炸制成菜，菊苣心、芹菜、芦笋、黄瓜、花椰菜、茴香、球芽甘蓝、秋葵、胡萝卜等蔬菜采用炸的方法，一般要先烹制然后裹上面包屑或面糊再炸。蔬菜还可加工成蔬菜清汤和蔬菜浓汤。

与中餐相比，蔬菜在西餐中最有特色的应用是制作蔬菜沙拉。沙拉专用的绿色蔬菜有：冰山莴苣、长叶莴苣、波士顿莴苣、绿柠檬石莴苣、散叶莴苣、宽叶绿色蔬菜、菊苣或卷曲的苣荬菜、比利时苣荬菜、卷心菜、菠菜、蒲公英、水田芥、红卷心菜等，这些带叶的蔬菜常被提前洗好、切好，装在密封的大塑料袋里出售。其他用于制作沙拉的蔬菜，有的是生着用的，像芹菜、黄瓜、萝卜、番茄和青椒等；有些则是经烹调的或经冷藏再用，像洋蓟、青豆、甜菜和芦笋等。

三、蔬菜类原料的品质鉴别

对新鲜蔬菜的品质鉴定的主要方法是依靠感官鉴定，主要从原料固有的品质、原料的纯度和成熟度、原料的新鲜度、原料的清洁卫生进行鉴定的。

1. 根菜类蔬菜

根菜类蔬菜的品质鉴别：以大小均匀整齐、肉厚质细、脆嫩多汁、无损伤及病虫害、无黑心、无发芽、无泥土者为佳。

2. 苗芽类蔬菜

苗芽类蔬菜的品质鉴别：以大小均匀整齐、色泽新鲜清洁、脆嫩多汁、肥壮、无腐烂者为佳。

3. 茎菜类蔬菜

茎菜类蔬菜的品质鉴别：以大小均匀整齐、皮薄而光滑、皮面无锈斑、质嫩、肉质细密、无烂根、无泥土者为佳。

4. 叶菜类蔬菜

叶菜类蔬菜的品质鉴别：以鲜嫩清洁，叶片形状端正肥厚（或叶球坚实），无烂叶、黄叶、老梗，大小均匀，无损伤及病虫害，无烂根及无泥土者为佳。

5. 花菜类蔬菜

花菜类蔬菜的品质鉴别：以花球及茎的色泽新鲜清洁、坚实，肉厚、质细嫩、无损伤及病虫害、无腐烂、无泥土者为佳。

6. 果菜类蔬菜

果菜类蔬菜的品质鉴别：以大小均匀整齐、果菜周正、成熟度适宜、皮薄肉厚、质细、脆嫩多汁、无损伤及病虫害、无腐烂者为佳。

7. 菌藻、地衣类蔬菜

菌藻、地衣类蔬菜的品质鉴别：以个体完整、大小均匀、色泽鲜亮清新、肉质厚实、无异味、无污物、无泥土者为佳。

8. 野菜类蔬菜

野菜类蔬菜的品质鉴别：以鲜嫩整齐、大小均匀、色泽鲜亮、肥壮，无烂叶、黄叶、老根，无损伤及病虫害，无烂根及泥土者为佳。

四、蔬菜类原料的储存

（一）蔬菜在储存中引起质量变化的主要原因

1. 原料自身原因

新鲜的蔬菜原料虽然已经采摘，但原料自身的呼吸作用仍在进行，加之蔬菜在酶的作用下将糖类分解为二氧化碳和水，同时产生热量。在这个过程中原料自身的有机物质如糖类等的消耗可以使原料滋味变淡，同时由于热的产生和积累，可以加速原料的腐败变质。蔬菜由于温度、氧气等因素可产生后熟作用，也容易引起腐烂变质。

2. 外界原因

一方面是物理因素，主要包括温度、湿度等。温度是引起蔬菜原料变质的重要因素。温度过高会加速微生物的繁殖、生长，还能引起原料水分蒸发，引起干枯变质。温度过低会使某些蔬菜原料冻坏、变软、脱水。另一方面是生物因素，由于蔬菜含有较多的水分及糖类，这是微生物生长的极好条件。只要温度、湿度适宜，微生物很容易从损伤处侵入引起变质。虫类的蛀咬和侵蚀也会大大降低蔬菜的品质。

（二）蔬菜类原料的储存方法

针对以上原因，在蔬菜的储存上为控制或阻止其呼吸现象、微生物的生长、虫类的蛀咬，一般采用低温保藏法。一般蔬菜最适宜在0～1℃保管，不能过低，以防冰冻现象发生。这样既能使其处于休眠状态，降低呼吸作用、防止发芽，又能保持水分，保证营养不大量损失，防止微生物生长及虫害发生，以保证蔬菜的储存质量。另一方面要控制储存时的湿度，防止过于潮湿而引起腐烂，或过于干燥引起水分损失。

在储存时，蔬菜应在阴凉通风处单独存放。一般对蔬菜采取勤进勤销、先进先用、后进后用的原则，发现有腐烂变质的蔬菜应立即清除。

任务2　常见的蔬菜

【任务导入】

1. 西餐中常用蔬菜有哪些？各有什么特点？
2. 常见蔬菜的烹饪用途有哪些？

【知识储备】

1. 卷心菜

卷心菜，即甘蓝，原产于欧洲的大西洋沿岸以及地中海沿岸地区，现世界各地均有种植。外形有圆、扁圆、鸡心等形状，叶肥脆嫩、外表呈绿色，内部为黄白色。红色、绿色或者白色卷心菜切成丝可以用于沙拉中。烹调至卷心菜刚好成熟（断生）即可。同样，还可用于蒸、炒、煎、烤或者炖。另外，卷心菜叶可以酿馅并卷成卷状，或者使用整颗卷心菜用来酿馅，再用小火加热，或者蒸熟。德国酸菜是传统的腌制卷心菜的方式。常见的食谱有炖紫甘蓝、卷心菜胡萝卜沙拉、卷心菜炖咸牛肉、土豆和卷心菜泥、佛拉米式紫甘蓝、菜豆汤、面包卷心菜浓汤、肉肠炖菜等。

卷心菜

花椰菜

2. 花椰菜

花椰菜，也称菜花，原产于地中海沿岸，之后引种至印度、意大利、法国、英国、美国、中国等国。新鲜菜花可以分成小瓣用来制作沙拉和蔬菜沙拉。整个的菜花或者分成小瓣的菜花可以用来煮或者蒸，小瓣的菜花还可以用来与少司一起烘烤，挂糊之后炸，或者用来炒。也可以与其他蔬菜一起用来制作泡菜或者用来制作酸辣酱。常见食谱有干酪焗菜花、香酥菜花、波兰式菜花、香辣菜花。

西蓝花

3. 西蓝花

西蓝花原产于意大利，19世纪初传入美国，后传入日本，目前世界各国都有栽培。西蓝花可以分成小瓣状，并且茎秆在去皮之后切成条状可以生食，加到沙拉中或者制作成蔬菜沙拉。西蓝花可以煮或者蒸，加上少司烤、炖，挂糊后炸、炒或者煎等。经典食谱有炒西蓝花、意式罗马纳风味西蓝花、奶油西蓝花、波兰风味西蓝花。

菠菜

4. 菠菜

菠菜又称波斯草、鹦鹉菜等，因其根红，又称赤根等。原产于伊朗，常见的品种有尖叶菠菜、圆叶菠菜和大叶菠菜等。可以将小叶、鲜嫩的叶片加到沙拉中，或者分撒到刚出炉的比萨上。新鲜菠菜的体积在加热烹调之后会急剧缩小。菠菜可以煮、蒸，可以用热的黄油或者沙拉汁浇淋，可以煎、炒或者炖、焖等。

芥蓝

5. 芥蓝

芥蓝上偶尔会带有白色的小花。其脆嫩的茎秆、厚大的叶片以及花蕾都可以食用，最传统的烹调方法是炒或者炖，并配以蚝油。

无头甘蓝

6. 无头甘蓝

无头甘蓝起源于欧洲南部地区的甘蓝家族，现代的各种无头甘蓝都带有耐寒的特性，目前在世界各地从寒冷气候到温带气候条件都能够生长。鲜嫩的无头甘蓝的叶片可以用来制作沙拉。其汁液可以与生胡萝卜汁形成很好的互补作用。可以煮、蒸、炖、煎或者炒，或者用来熬汤等。经典食谱有葡萄牙风味甘蓝与土豆浓汤、白酒煮海蛤和甘蓝、巴西风味蒜香甘蓝。

7. 甜菜

甜菜原产于欧洲西部和南部沿海，从瑞典移植到西班牙，在中国甜菜主要分布在新疆、黑龙江、内蒙古等地。根据甜菜品种的不同，茎秆和叶脉可以是白色、鲜红色、紫红色、深紫色、黄色或者是橙色。新鲜的甜菜可以直接用来制作沙拉。带着茎秆的叶片可以蒸、炖焖、煎或者炒。叶片可以煮、蒸或者煎，或者用来作为包裹食物的材料使用。

甜菜

8. 菊苣和苦菊

菊苣和苦菊原产于地中海地区，目前在全世界各地的温带气候条件下都有生长。菊苣类包括变白的种类和红叶的种类（红菊苣）。苦菊类包括皱叶苦菊。虽然菊苣和苦菊的外观不同，但是都是质地脆嫩，带有冰凉的甜意，回味略微带有些苦感。新鲜的菊苣或苦菊可以用来制作沙拉，或者整棵用来制作蔬菜沙拉。也可以煎、炒、铁扒、炖焖或者焗等。常见的食谱有菊苣莫奈少司、炖苦菊、苦菊沙拉。

苦菊

9. 生菜

生菜是一年生或者两年生的草本植物，最早可能起源于地中海东部地区和近东地区。新鲜的生菜可以用来制作沙拉，也可以炖焖、蒸，或者切成丝之后与其他种类的蔬菜一起烹调，如豌豆等。经典的食谱有凯撒沙拉。

10. 洋蓟

洋蓟是菊科，属多年生草本植物，原产地中海地区，作蔬菜用。新鲜的洋蓟，其心和鲜嫩、多肉的叶片部分均可以在沙拉中或者开胃菜中生食。烹调加热时可以将幼小的、整个的洋蓟挂糊，或者裹上鸡蛋和面包糠，油炸成熟。大个头的洋蓟可以炖焖、铁扒、酿馅后烤，使用高压烹调，或者蒸熟。经典食谱有蒸洋蓟、希腊风味洋蓟、犹太风味洋蓟、巴塞式洋蓟、洋蓟馅饼。

11. 芹菜

芹菜是伞形科芹属植物，分布于欧洲、亚洲、非洲及美洲。生的芹菜茎可以用来作为非常棒的蔬菜沙拉食材，或者在小块的茎秆内酿入蓝纹干酪或者奶油干酪，以及其他各种开胃材料制作成开胃头盘。切成丁之后，可以用来制作沙拉和三明治的馅料。也可以蒸、炖焖、焗、煎或者炒，以及加到馅料中。

生菜

洋蓟

芹菜

12. 芦笋

芦笋是石刁柏的幼苗，可供蔬食。芦笋有绿色、紫色和白色，在欧洲被认为是非常珍贵的品种，只需将绿芦笋在生长过程中简单地避光，使其无法产生叶绿素。绿芦笋和紫芦笋带有独具特色的风味，而白芦笋的风味则较为柔和、甘美。鲜嫩的幼芦笋可以生食，也可以蒸、小火煮、炒、烤、焗或者炭烧等。经典食谱有芦笋配荷兰少司、普里马韦拉风味烩饭、米兰风味芦笋。

芦笋

13. 防风根

防风根生长在欧洲和亚洲的野外，从古希腊和罗马时代起，人们就开始人工栽培。可以切成条状用来制作蔬菜沙拉；也可以蒸、煮、铁扒、烤、炖或者煎；或者用来做汤和焖类菜肴等，如咖喱防风根汤、焗防风根。

防风根

14. 萝卜

萝卜是十字花科、萝卜属二年或一年生草本植物。萝卜可以切割成条状，用来制作蔬菜沙拉，或者擦碎用来制作沙拉。也可以煮、烤、煎、炒或者炖等，也可以用来腌制。经典的食谱有爱尔兰炖羊肉、腌萝卜、鸭肉炖萝卜、什锦泡菜等。

萝卜

15. 胡萝卜

胡萝卜是伞形科，属野胡萝卜的变种。除我们所熟悉的细长、圆锥形的橙色胡萝卜之外，也有可能是圆柱形的、粗短形的、圆形的，或者手指大小的，以及紫色、黄色、深红色或者白色等不同的颜色。新鲜的胡萝卜可以切成细长条状用来制作蔬菜沙拉。刮擦成丝带状用来制作沙拉。使用榨汁机榨出新鲜、甘美的乳状胡萝卜汁。胡萝卜可以烤、煮、炖、蒸、煎或者炒等。也可以与其他各种蔬菜，如洋葱和青椒等一起制作成泡菜，或者用来制作甜味果酱或者蜜饯等。

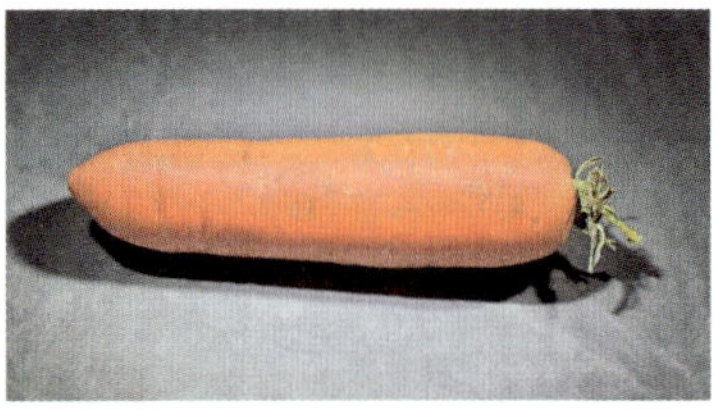

胡萝卜

16. 马铃薯

马铃薯，也称土豆，属茄科，一年生草本植物，块茎可供食用，是全球第四大重要的粮食作物，仅次于小麦、稻谷和玉米。它起源于8000多年以前的南美洲安第斯山脉。马铃薯有不同的大小，从小球状到巴掌大小的都有，而其颜色从棕褐色到粉红色、红色、蓝色以及紫色均有。可以使用的烹调方法有煮、蒸、烤、炸、煎等。经典食谱有奶油烤土豆、土豆团子、

马铃薯

德式土豆沙拉、土豆泥、安娜土豆、炸土豆片等。

17. 西葫芦

西葫芦是葫芦科、南瓜属一年生蔓生草本，原产北美洲南部，中国于19世纪中叶开始从欧洲引入栽培，世界各地均有分布。整个的西葫芦都可以食用，除非其子非常硬。鲜嫩的西葫芦可以擦碎或者擦成丝带状用来制作沙拉。可以蒸、煎、用来制作天妇罗、酿馅之后烤或者用来制作汤菜和炖菜等。擦碎后的西葫芦可以加入蛋糕和松饼面糊中。经典食谱有都灵风味西葫芦、酿馅西葫芦花、油炸西葫芦等。

西葫芦

18. 南瓜

南瓜是葫芦科南瓜属的一个种，一年生蔓生草本植物，原产于墨西哥到中美洲一带，世界各地普遍栽培，明代传入中国。常见的食谱有南瓜云吞、南瓜馅饼等。

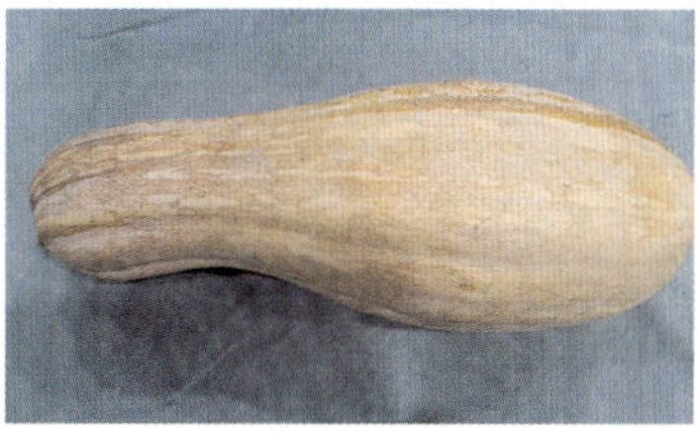

南瓜

19. 黄瓜

黄瓜是葫芦科一年生蔓生或攀缘草本植物。黄瓜原产于印度的南部地区，在史前时期就已经开始种植了。黄瓜可以制作蔬菜沙拉和蘸酱，或者用来制作各种沙拉。也可以蒸、小火炖或者煎，或者挖空用来酿馅之后烤。还可以制作泡菜或者腌制成咸菜。经典食谱有希腊黄瓜酸奶酱、莳萝风味酸黄瓜、西班牙冷汤、黄瓜三明治等。

黄瓜

20. 洋葱

洋葱是百合科、葱属多年生草本植物，原产于亚洲西部，目前国内外均广泛栽培。洋葱颜色的范围从白色到黄色和绿色，再到红色和紫色，从球根形到细长形，从甜美到辛辣，丰富而多彩。洋葱可以加入各种沙拉中，或者用作装饰。洋葱可以煮、蒸、烤、煎、炖、烧烤、炸或者炒等。洋葱，特别是小个头的白色洋葱，非常适合制作成泡菜。经典食谱有法式洋葱汤、印度风味炸洋葱、苏比斯少司、法国尼斯洋葱酥、鹅肝配洋葱、炸洋葱圈、酿馅洋葱、阿尔萨斯洋葱馅饼。

洋葱

21. 豌豆

豌豆是豆科一年生攀缘草本植物，原产于数千年前的亚洲西部、地中海地区，是世界重要的栽培作物之一。嫩豌豆和甜脆豌豆，可以作为蔬菜沙拉或者添加到各种沙拉里食用。可以煮或者蒸至嫩熟，也可以炒。经典食谱有法式风味青豆、豌豆

豌豆

烩饭、什锦豌豆。

22. 红腰豆

红腰豆

红腰豆原产于南美洲，是干豆中营养最丰富的一种。最有名的是用整粒的红腰豆来制作辣椒肉末。红腰豆带有一股浓郁的、醇厚的风味，具有柔软的、粉质的质地。

23. 鹰嘴豆

鹰嘴豆

鹰嘴豆是豆科鹰嘴豆属植物，分布于地中海、亚洲、非洲、美洲等地。鹰嘴豆带有坚果的风味和细腻的黄油般的质地，鹰嘴豆非常适合用来制作蘸酱和各种少司。也非常适合用来制作咖喱菜肴和炖菜类，因为鹰嘴豆在制作成熟之后能够保持形状不变。

24. 黑豆

黑豆

黑豆是豆科大豆属植物大豆的黑色种子，深受中美洲和南美洲人们喜爱，黑豆带有非常浓郁的坚果风味和醇厚的质地。特别适合用来制作汤菜和砂锅类菜肴。

25. 辣椒

辣椒

辣椒原产于美洲的热带地区。风味柔和型的辣椒，大小各异，从圆形的樱桃状到灯笼形的辣椒品种均有；而颜色从未成熟时的绿色，到成熟后的红色、黄色、橙色、紫色、褐色，以及近似于黑色等；辣椒的风味从甘美到微辣都有。新鲜的辣椒可以切成条状用来制作蔬菜沙拉，或者加入各种沙拉中；也可以酿馅后烤，可以铁扒、烧烤或者炭烤，或者炖等；可以切成块煎、炒或者挂上面糊后炸；还可以用醋或者油腌制。

26. 番茄

番茄

番茄是茄科茄属，一年生或多年生草本植物，番茄原产于南美洲，中国南北方广泛栽培。番茄种类，颜色从接近黑色到黄色、橙色和红色，再到接近于白色。大小及形状从豌豆大小到巨大的球体状，风味从甜美到酸爽的都有。小个头的番茄可以整个享用；大个头的番茄可以切开。番茄可以整个烤，可以铁扒、炒、煎或者炖等；可以用来制作少司或者汤菜；可以加入砂锅内炖；可以用来制作成番茄沙司或者酸辣酱等。经典食谱有番茄沙司、西班牙番茄汤、番茄奶油汤、普罗旺斯风味酿番茄、番茄面包汤、酿馅番茄、烤蔬菜等。

27. 白蘑菇

白蘑菇，也称为双孢蘑菇，是蘑菇科、蘑菇属真菌。四季中使用非常广泛，双孢蘑菇带有非常柔和的风味，可以通过在黄油中煸炒而增加风味。双孢蘑菇也可以用于各种沙拉中，或者在蔬菜沙拉中生食。经典食谱有奶油蘑菇汤。

白蘑菇

28. 金针菇

金针菇一般成簇地栽培生长，金针菇带有脆嫩的质地和柔和的蘑菇芳香风味。非常适合用来做汤菜和炒菜，或者用来在沙拉中和三明治中生食。

金针菇

29. 牛肝菌

牛肝菌是所有蘑菇品种中最受尊崇的一种，以其细滑、乳脂状的肉质，浓郁而可口的风味，以及高雅的造型而著称，煎食时会非常美味，也可以加入意大利调味饭以及意大利面等美食中。

牛肝菌

30. 羊肚菌

羊肚菌是最受追捧的野生蘑菇之一，带有独具一格的、牛排一样的风味，只需简单地煸炒一下，其风味就会令人惊叹。注意羊肚菌不能生食。

羊肚菌

31. 松露

松露是芳香型真菌的子实体，在温带地区，水源充足的树根下生长。松露都带有浓烈的芳香风味，以及在泥土的芬芳风味中带有花香和果香的意蕴。松露分白松露和黑松露。新鲜时可以擦成薄片或者刨成薄片，在上菜之前，摆放到热菜的表面上，特别是意大利面条或者意大利调味饭上面。可以将松露片在烘烤家禽之前塞入胸脯肉的皮下；可以加入鸡蛋中用来制作蛋卷或者炒鸡蛋；还可以将整个的松露与鹅肝一起用面皮包裹好之后烘烤；或者用马德拉酒炖。经典食谱有黑松露意大利面、松露干酪火锅、佩里格少司、松露鹅肝酱、意大利松露调味饭、松露鸡肉。

松露

32. 裙带菜

裙带菜属海藻类的植物，一年生，色黄褐。裙带菜带有柔和的植物风味和鲜嫩的质地，特别适合用来制作成汤菜和沙拉，或者添加到蔬菜中或者豆类菜肴中。

裙带菜

项目二
果品类

【项目描述】

本项目主要是学习果品类原料相关知识内容，为进一步学习西餐烹饪奠定基础。

任务1 果品类概述

【任务导入】

1. 果品类原料在人们日常生活中的地位如何？
2. 果品类原料有什么样的营养特点？
3. 果品类原料的烹饪用途有哪些？

【知识储备】

果品是指木本果树和部分草本植物所产的可直接生食的果实，或可制熟食用的种子植物所产的种仁以及它们的加工制品。果品是人们日常生活中必不可少的食物，也是一类需要量大、营养丰富的烹饪原料，除可满足人们消费时所带来的感官享受之外，更主要的是带来营养并增进健康。

一、果品分类

按照商业习惯和餐饮行业的实际应用，果品一般分为水果、坚果和果制品三类。

二、果品的营养

水果中富含人体所需的多种营养素与生物活性物质，包括糖类、有机酸、维生素、矿物质、膳食纤维（如果胶）、氨基酸，以及天然色素、黄酮类物质、槲皮素、儿茶素、生物碱、环磷腺苷、血清素、超氧化物歧化酶（SOD）等形形色色的生物活性物质。

坚果含蛋白质12%～36%、脂肪40%以上，多种维生素、矿物质及膳食纤维，并含有磷脂、多酚、黄酮等功能性成分。其中不饱和脂肪酸占总脂肪含量的85%～90%，包括亚麻酸、亚油酸等人体的必需脂肪酸。维生素当中具有抗氧化作用的维生素E的效果特别显著，维生素E在榛果和杏仁中含量特别丰富。

三、果品的品质鉴别

果品的品质鉴别主要根据其成熟度、糖酸度、新鲜度以及有无机械损伤、生理病害、病虫害等方面加以评定。

1. 成熟度

一般来讲，采收过早，还未成熟的果实，色泽浅、风味淡、酸度大、肉质中硬、品质较差；果实逐渐成熟时，外观上果面色泽更光彩夺目，蜡质形成，细胞组织和成分发生极明显变化：含糖量上升、含酸量下降、淀粉减少、涩味减退、果肉变软、维生素增加、芳香物质生成等；而过熟的果实，则组织变软，缺乏爽脆感，且不耐贮存。这些性状均为果实是否可采收或贮藏或加工的指标。

对于香蕉、甜瓜、菠萝、猕猴桃、西洋梨、李子等水果而言，为了便于运输，大都提前采摘，有的甚至提早一个多月，因此需要贮存一段时间来完成果实的后熟。在此期间，果肉变软，淀粉转化为糖，甜味增加，而酸味、涩味、苦味减少，同时合成大量的芳香物质，绿色消失（也有例外）表现出各种成熟色彩和光泽，果实从而变得甘甜爽口，醇香宜人。在后熟的进程中，果实也都有一个最佳可食期，超过这个阶段，果实的风味品质又将变劣。

2. 糖酸度

糖酸度能反映出水果固有的口味。我们在吃水果时，常用“甜酸适口”来形容它的风味。实际上水果“甜”的程度是取决于果实中含糖量与含酸量的比值。糖酸比高的水果，吃起来就觉得甜，而糖酸比低时，味道就酸。例如，苹果的含糖量一般在10%～12%，但糖酸比却可达20左右，故吃起来常感到很甜；而山楂的含糖量虽然高达20%左右，但糖酸比却小于10，这就是山楂含糖量虽然超过苹果1倍，可是吃起来味道却很酸的原因所在。一般认为，纯甜或甜酸适口的水果，品质优良；若口味过酸或带有涩味，则表明品质较差，或成熟度不够，山楂、柠檬是例外。

3. 新鲜度

新鲜度是反映品质的重要感官标准，可通过形态、色泽、水分含量、重量、质地等方面的变化反映出来。如优质的苹果形态饱满，色泽鲜艳有光泽，多汁，重量与大小相称，软硬度适中。有些果品的风味品质要求有很高的新鲜度，如荔枝。尽管采用冷藏保鲜技术，荔枝大量涌入北方市场，外表看上去也十分鲜艳，但风味品质口感到底是赶不上在荔乡所吃到的刚下树的荔枝。对于干果，则以能够购买到当年加工上市的新货为好。陈年旧货外表看上去还可以，但内在品质往往已变劣，甚至变质、变味。

此外，优质的水果应具有完整无损的果皮，不应有碰伤、压伤、划伤等现象存在；不应有虫蛀、黑心、褐斑、霉斑等生理病害或病虫害现象的发生。

四、果品的烹饪用途

果品在西餐中主要制作沙拉、派及甜点。水果沙拉可用各种新鲜的、熟的、罐装、冷冻的水果，一般被用作开胃沙拉、甜品沙拉或是午餐的配菜。一小勺乡村乳酪或其他味道柔和的蛋白质食物常和它搭配。用水果、水果汁、糖、调味料以及淀粉加工成水果馅，可用于制作派。

五、果品的储存

果品的储存应根据各类果品的特点正确选择相应的储存方法。

新鲜水果是有生命的有机体，在储存过程中，一方面由于一系列生理变化，会影响其质量、重量、风味、质地及营养价值；另一方面也会由于微生物的侵染而引起腐烂变质，所以必须加强保管。储存新鲜水果的基本原则是创造适宜的外界环境条件，以保持它们正常而最低的生理活动，从而达到保证质量和减少损耗以及延长储存期的目的。

低温是储存新鲜水果的适宜方法。低温能减弱水果的呼吸作用，降低水分含量和延缓其成熟过程，同时还能抑制微生物的繁殖。保存水果的适宜温度应根据各果品的特点而异，如苹果、梨、桃、杏、李、葡萄、菠萝为0℃左右，柑橘类为2 ~ 5℃，香蕉为12 ~ 13℃。如果保管的温度过高，水果容易成熟、腐烂；温度过低会冻伤，影响风味和质量。

根据低温储存水果的要求，采用的具体方法一般有：冷窖存、冰窖存、冷库存、通风存、气调存等。这些方法，在产地、商业部门及饮食店均可根据不同的条件采用。保存新鲜水果切忌库内存放盐、碱、酒等原料，以免刺激果色变黄。保管水果还应通风透气，合理堆码，按类存放，并及时检查，保证果品保存完好。

果干脱水较充分，有的经过日晒、熏，易保存，只要包装防尘、防潮、防鼠、防虫咬即可。

果仁本身比较干燥，保管时应注意防潮，防虫蛀，防出油。一般应保管在通风、干燥和低温的环境中。

糖果制品由于用糖熬煮特殊处理过，一般不会变质，若时间过久可能会产生干缩、潮解现象或产生霉陈味，一旦出现，可重新用糖熬煮，冷却返砂再继续存放。

任务2 常见的果品

【任务导入】

1. 常见的水果有哪些？
2. 常见的坚果有哪些？
3. 常见的果制品有哪些？

【知识储备】

一、水果

1. 苹果

苹果，生长在世界各地的温带气候条件下，苹果的种类繁多，颜色从绿色到红色、黄色，以及黄褐色不一；而口味从酸到甜；质地从脆到软。绝大多数苹果都可以生食或者熟食。在室温下可以整个食用。去皮或者带皮用来增添色彩，然后切成片状或者丁，用来制作沙拉。也可以切成片状或者切碎用来做挞、馅饼，或者炸苹果，还可以煮熟之后制作成苹果泥，用来制作少司。可以去核之后整个地烤。可以装瓶之后用糖浆腌制；可以制作成酸辣酱或者苹果酱；也可以干燥成苹果圈。经典食谱有苹果卷、苹果少司、苹果挞、烤苹果、苹果布丁、诺曼底派等。

苹果

2. 梨

梨，通常品种是一种落叶乔木或灌木，极少数品种为常绿，属于被子植物门双子叶植物纲蔷薇科苹果亚科。新鲜的梨根据需要可以去皮，然后整个食用；或切成片状用来制作水果沙拉。过熟的梨可以用来制作少司和沙冰。梨可以煮熟或烤熟用来制成甜点和馅饼；还可以与糖浆或者酒一起装瓶；可以制作水果黄油，或者用来制作酸辣酱和泡菜等。经典食谱有煮梨配巧克力少司和香草冰激凌、红酒梨、炖梨和香梨炖鸭。

梨

3. 榅桲

榅桲是蔷薇科，榅桲属灌木或小乔木，其果实芳香，味酸可供生食或煮食。榅桲在大小和形状上既像苹果又像梨。其肉质硬且带有颗粒，生食时会有让人不舒服的酸味，但是在制作成熟之后，榅桲会变得柔软，带有一股独具一格的芳香风味。去皮、去核、切碎后可以用来制作各种少司和肉类菜肴、挞、馅饼和馅料；制成蓉泥之后可以用来制作慕斯和水果奶油；可以制作成果酱和果胶或者制作成浓稠的结力酱等。经典食谱有榅桲炖羊肉、波斯风味酿榅桲、榅桲干酪。

榅桲

4. 无花果

无花果是桑科、榕属植物，分布于地中海沿岸，中国唐代即从波斯传入。无花果在成熟之后，所有品种的肉质都甘甜如蜜而多汁，其颜色从浅粉红色到深粉红色不等，布满细小的、可以食用的籽。新鲜时可以整个食用。可以添加到各种沙拉中；可以酿入甜味的馅料；加热烹调时可以整个或者切成两半后在糖浆里煮；可以烘烤或者炖，用来制作少司和甜味或者咸香风味的菜肴；制作蜜饯时可以装入瓶内或者用来制作成果酱；可以制成果脯等。经典食谱有无花果和帕尔玛火腿、鸭肉配无花果、无花果挞、无花果果酱。

无花果

5. 杏

杏种植在世界各地的温带气候条件下的地区。杏是极具特色的小酒窝形的果实，橙金色的柔软外皮中带着深粉红色，成熟之后如蜜般甘甜，有芳香的汁液，美味可口。其核内的果肉，可以用来给果酱、饼干以及意大利苦杏酒调味。新鲜时可以作为水果直接食用；可以加入水果沙拉中或者用来制作果盘；可以切成两半之后用来制作挞和糕点等；可以用糖浆或者葡萄酒煮熟；可以用来炖、烤和制作酿馅等；可以制作果酱和蜜饯；经典食谱有杏和杏仁挞、杏酱和杏果冻、杏冰激凌、五香杏仁、杏果丹皮。

杏

6. 桃和油桃

桃的外皮上通常带有一层茸毛。而油桃则没有，作为桃的一种类型，油桃带有细滑的外皮和较强烈的风味。这两种水果的主要出口国家有西班牙、意大利、法国以及美国等国家。核肉分离型的桃，桃肉很容易从桃核上分离开；而黏核类型的桃，其桃肉大多“黏”在桃核上。芳香的桃和油桃的白色肉质，非常适合生食，而黄色肉质的桃和油桃则非常适合来烘烤和加热烹调。经典食谱有蜜桃冰激凌、蜜桃马卡龙、油桃莎莎酱。

桃

油桃

7. 樱桃

樱桃原产于西亚地区，目前在全世界温带气候条件下的地区都有种植。樱桃主要有两种类型：肉质饱满的甜樱桃型，可以是硬实而脆嫩或者柔软多汁，以及通常个头更小一些的酸樱桃型（通常情况下不用来生食，但是却非常适合用来加热烹调），另外还有酸甜杂交品种的樱桃等。樱桃的颜色众多，从浅乳黄色到深红色和黑色等。经典食谱有樱桃馅饼、黑森林蛋糕、鸭翼配蒙特默伦西樱桃、樱桃朱比丽等。

樱桃

8. 葡萄

葡萄

葡萄为葡萄科葡萄属木质藤本植物，是世界最古老的果树树种之一。葡萄原产于亚洲西部，世界各地均有栽培，世界各地的葡萄约95%集中分布在北半球。新鲜时可以在咸香风味和水果风味的沙拉中使用；可以榨取葡萄汁，或者在室温下新鲜享用，特别适合搭配软质干酪或者风味浓郁的干酪一起享用。加热烹调时最好是去皮去籽。煸炒之后可以用来制作奶油和葡萄酒少司；可以用来制作家禽类的酿馅材料；可以用来制作馅饼和布丁；还可以用来制作果酱和果冻，或者与糖浆一起装瓶保存。经典食谱有葡萄挞、鸭肝配葡萄、巴伐利亚奶油配葡萄干。

9. 橄榄

橄榄

西班牙是世界上最大的食用橄榄生产国，橄榄在所有类似于地中海类型的气候条件下均可栽培。橄榄有几百个不同的品种，数不尽的风味、质地，以及肉质多少的不同等。所有的橄榄都是绿色的，在完全成熟之后会变成黑色。有一些品种的橄榄最适合在绿色时就采摘，其他品种的橄榄则需要在变成黑色之后采摘。新鲜时可以作为零食或者开胃菜食用；可以加入沙拉中，或者切成细末之后制作成涂抹酱；可以用于各种少司，或者用于面包面团中。经典食谱有橄榄酱、番茄橄榄意大利面、橄榄佛卡夏面包、厄瓜多尔橄榄风味鸭子、橄榄沙拉等。

10. 蓝莓

蓝莓

蓝莓原产于树林中、森林里和冻土地带的荒野之中，以及北半球的温带地区。现在蓝莓被广泛种植在世界各地。新鲜时可以作为小吃或者甜点食用，可以单独享用，或者放到水果沙拉里均可。蓝莓果泥可以用来制作沙冰和冷汤，过滤之后可以制作成蓝莓汁。可以烘烤成蓝莓馅饼和蓝莓果挞；可以做成蓝莓果粒、脆皮蓝莓馅饼、蛋糕以及松饼等；可以炖煮之后做成甜味少司和咸香风味少司；可以用来烩水果，或者制作干酪蛋糕装饰等；可以制作成蓝莓果酱、果冻或者开胃小菜；可以用糖浆浸泡，或者制作成蓝莓干（蓝莓果脯）等。

11. 蔓越莓

蔓越莓

蔓越莓又称蔓越橘，是杜鹃花科越橘属的常绿小灌木矮蔓藤植物。蔓越莓在北美大陆有悠久的种植历史，印第安土著最早食用蔓越莓。新鲜的蔓越莓可以磨碎成开胃小菜，可以过滤之后制作成蔓越莓汁；可以炖熟之后制作成各种少司和甜品；

可以用来制作挞、馅饼、松饼、蛋糕以及冻糕等；也可以制作成蔓越莓酱，用来为家禽类和肉类酿馅用；可以制作成果冻、果脯，或者与糖浆一起装瓶腌制。

12. 黑莓

黑莓是蔷薇科、悬钩子属植物，原产于欧洲温带地区，北美东部和太平洋沿岸尤为丰富，中国也有引种栽培。新鲜时可以作为小吃或者甜点食用，可以搅碎用来制作少司，可以制作冷的甜点以及沙冰，或者制作成黑莓汁等。黑莓也可以用来制作成热的甜点、馅料、馅饼以及挞等；可以制作成果冻或者风味醋，或者与糖浆一起装瓶腌制。经典食谱有黑莓馅饼、夏日布丁、黑莓果冻、黑莓果酱。

黑莓

13. 覆盆子

覆盆子是一种蔷薇科悬钩子属的木本植物，覆盆子的果实是一种聚合果，有红色、金色和黑色。新鲜时可以作为小吃或者甜食在常温下享用；可以与其他原材料混合好制作成少司，冷藏之后用来制作冰镇甜点以及沙冰等。经典食谱有红果羹、覆盆子果酱、覆盆子库里（美尔巴少司）。

覆盆子

14. 草莓

草莓是多年生草本植物，原产于南美，在中国各地及欧洲等地广为栽培。许多杂交后的草莓有不同的大小和颜色，从鲜红色到橙红色不等，其形状可以是圆锥形、球形、椭圆形，或者是心形等。其肉质围绕着一个硬的、浅色的外壳生长，在浆果的表面覆盖着一层细小的籽。新鲜时可以直接当作甜食享用；可以蘸融化的巧克力享用；可以摆放到干酪蛋糕和各种挞的表面进行装饰；可以制作成草莓蓉用来制作草莓库里；可以用来制作冷冻甜点以及奶昔等；也可以用来制作馅饼的馅料；还可以用糖浆装瓶腌制、制作草莓果酱，或者制作成草莓风味醋等。

草莓

15. 醋栗

醋栗为醋栗科植物山麻子的果实，浆果为球形。醋栗是成串生长的，其颜色有黑色、红色、白色等。醋栗果实呈酸性，意味着醋栗比起生食更适合用来烹调。新鲜时可以蘸糖作为甜食享用，或者蘸上糖粉用作蛋糕的装饰。醋栗可以整粒的或者制作蓉泥之后用来制作各种少司和咸香风味的炖菜等；可以煮熟之后做成水果汤；可以制作成热布丁、果粒、馅饼、奶油拌水果、奶油馅以及沙冰等。经典食谱有红醋栗果胶、黑醋栗果酱、黑醋栗酒。

醋栗

16. 橙子

橙子是柑橘类家族中的资深成员，被广泛种植在地中海和世界各地的亚热带地区，特别是西班牙、美国、巴西、中国以及墨西哥等国家。橙子的大小和橙皮的厚度差异也非常大，口感从酸到甜不等，风味浓郁的程度也各有千秋。新鲜时去皮分离成瓣状，或者将橙子肉切成片状，用来添加到甜味和咸香风味的沙拉中以及烩水果中。橙子可以榨取橙汁作为饮料享用，可以制作成果胶以及沙冰等；可以整个地煮熟（去皮），将擦取的橙子外层薄皮和橙汁一起用来给砂锅类菜肴、各种少司、蛋糕，还有饼干等增添风味；还可以制作成橙味果酱。经典食谱有橙味果酱、酸橙少司、马耳他少司、焦糖橙子、杏仁橙味蛋糕。

橙子

17. 西柚

西柚是芸香科柑橘属植物，又称葡萄柚。西柚是一种水果，成熟时果皮一般呈不均匀的橙色或红色，果肉呈淡黄白或粉红色，柔嫩、多汁、爽口。可以切成两半或者块状单独食用或者添加到沙拉中；可以榨取西柚汁作为饮料和制作沙冰；可以切成两半铁扒；可以将西柚汁加入各种少司中。

西柚

18. 柠檬

柠檬是双子叶植物纲芸香科柑橘属植物，柠檬又称柠果、洋柠檬、益母果等。原产于东南亚，主要产地为美国、意大利、西班牙和希腊。柠檬可以榨取汁用来制作沙拉、少司、腌泡汁以及各种饮料等；可以将柠檬汁加到各种挞、馅饼、汤菜、开胃小吃以及乳化类的少司中；擦取柠檬外皮可以用于烘焙和甜点的制作中；可以将柠檬的外皮去掉白色的部分之后加入砂锅类菜肴中；可以将柠檬切碎之后用来制作果酱和蜜饯。经典食谱有柠檬沙冰、鸡肉柠檬蛋汤、柠檬挞、煎小牛肉片配柠檬、柠檬蛋白霜馅饼、柠檬糖。

柠檬

19. 西瓜

西瓜在热带和亚热带地区都能够生长，其主要的出品国家有中国、土耳其、伊朗、美国以及巴西等。可以冷藏之后切成块享用；可以加入水果盘内；可以切成丁用来制作沙拉；可以将切成块的西瓜或者将西瓜皮制作成泡菜；可以制作成果酱。西瓜子可以经过烘烤制作成盐霜西瓜子。经典食谱有西瓜莎莎酱、西瓜皮泡菜、希腊风味西瓜和菲达干酪沙拉、西瓜冰糕。

西瓜

20. 香蕉

香蕉是芭蕉科、芭蕉属植物，原产于亚洲东南部。中国是世界上栽培香蕉的古老国家之一，世界上主栽的香蕉品种大多由中国传去。去皮并切成片的香蕉可以用在水果沙拉和咸香风味的沙拉中，香蕉泥可以用来制作沙冰。香蕉可以整根地烤或者煎，或者切成片用来制作炸香蕉；可以制作香蕉泥或者切碎之后用来制作蛋糕和面包。经典食谱有香蕉面包、香蕉圣代、香蕉冰激凌、火焰香蕉、香蕉太妃馅饼、油炸香蕉。

香蕉

二、坚果

1. 夏威夷果

夏威夷果原产于澳大利亚，夏威夷果树目前在很多国家都有种植。可以将烘烤之后用盐腌入味的或者芳香风味的夏威夷果，搭配各种饮料，当作小吃享用。无盐的夏威夷果可以用来制作饼干、蛋糕、各种糕点、糖果以及冰激凌，或者用于各种沙拉、家禽类的酿馅以及其他各种咸香风味的菜肴。

夏威夷果

2. 腰果

腰果原产于南美洲，腰果树被葡萄牙人引进到印度，之后在许多其他地方的热带地区都有种植，包括非洲、中美洲，以及西印度群岛等地。腰果的风味广受赞誉，咸味的或者香辣风味的腰果，在享用饮料的时候是非常受欢迎的零食。在烹调时，原味的腰果可以整个地或者呈粉末状地加到咸鲜风味和甘甜风味的菜肴中，从炒菜和咖喱类菜肴到制作饼干和甜食均可。

腰果

3. 榛子

榛子又名山板栗、尖栗或棰子，为桦木科榛属落叶的灌木或小乔木。可以当作零食享用，可以在蛋糕、饼干以及各种甜点中或者各种咸香风味的菜肴中使用。

榛子

4. 开心果

开心果原产于伊朗，分布在土耳其、意大利、法国、希腊、叙利亚、阿富汗、伊拉克、俄罗斯等国，中国新疆等地也已广泛栽培。烫过的、原味的开心果，可以在甜点、蛋糕、饼干以及甜味糕点中使用，可以用来制作冰激凌、制作甜味少司等，可以用在米饭中，制作香肠，并且可以用来给甜味和咸味菜肴进行装饰。

开心果

5. 花生

花生分布于巴西、中国、埃及等国家，花生生长在地下，因此也被称为落花生和地下荚等。花生制成蓉泥后，可以制作花生黄油酱，或者用来制作咖喱菜肴、炖菜、各种少司，以及在烘焙中使用。经典食谱有花生酱拌杂菜、加纳风味炖花生、花生曲奇。

花生

6. 松子

松子又称作松子仁以及松果仁，其价格较贵，带有精致、淡雅、甘美的风味和柔软、油性的质地。松子仁可以在所有类型的咸香风味和甜味菜肴中使用，从用于意大利面和鱼类的各种少司，到各种炖焖菜肴、酿馅材料、沙拉，以及各种汤菜到各种饼干、蛋糕、糕点，以及甜点等都可以使用。

松子

7. 核桃

核桃是胡桃科、胡桃属植物，分布于中亚、西亚、南亚、欧洲。核桃可以加入谷物食物中、各种沙拉里，以及混合后制作成小吃。研磨碎后可以用来制作各种少司。可以用来制作甜味和咸香风味的菜肴，从汤菜和馅料到各种面包、蛋糕以及糕点等。

核桃

8. 芝麻

芝麻被广泛地种植于世界各地的温带和热带地区。根据芝麻的种类不同，有白色、金黄色或者黑色的不同品种，所有的芝麻都带有浓郁的坚果风味，以及泥土的芳香风味。芝麻在各种甜食和咸香风味的菜肴中，都能够起到很大的调味作用。芝麻可以在米饭和面团类菜肴中使用，并且可以在煎炸之前用来给食物挂糊；可以撒到沙拉上和蔬菜上；可以加入面包、饼干、糕点里，以及各种甜食中。芝麻酱可以用来给各种蘸酱、少司、沙拉酱等增加浓郁的风味，还可以作为烘烤和制作糖果的甜味酱。

芝麻

9. 南瓜子

南瓜子是南瓜的种子，每一粒浅色的椭圆形外壳或者外皮里面是可食用的脆弱的绿色南瓜子仁，带有淡雅的坚果风味。新鲜的或者干的，去壳的或者带壳的南瓜子在烤好之后通常都会加盐和各种香料调味，从而作为一种小吃享用。南瓜子也经常在蛋糕、面包以及饼干的制作中使用。或者用来作为沙拉和

南瓜子

汤菜美味的装饰，特别是主料是南瓜的菜肴。在墨西哥烹调中，南瓜子会研磨成粉状，用来给各种少司增稠和增加风味。

10. 葵花子

葵花子原产于北美的西南部地区，向日葵长久以来都以出产富有营养价值的葵花子而著称。传统上，葵花子都是作为一种零食供人们享用。葵花子仁可以整个的使用，用来给包括混合干果、麦片粥、各种沙拉、三明治、面包、蛋糕以及饼干等增添风味和质地。葵花子仁可以用干炸或者在热油内烘烤的方法来增强其风味。

葵花子

三、果制品

柑橘皮蜜饯

1. 柑橘皮蜜饯

由橙子、柠檬以及香橼等的外皮混合而成，可以制作出品质上乘的柑橘皮蜜饯。可以切成粒或者切成条状，用来制作蛋糕、饼干以及圣诞布丁等。

2. 蔓越莓干

干制之后，蔓越莓会比新鲜时更加甘美，但仍然会略带酸味，果味十足，并且耐嚼。蔓越莓干的用途非常广泛，可以添加到蛋糕、饼干、松饼、甜点、什锦麦片中，或者用来作为咸香风味的馅料使用。

3. 椰子片

椰子片有甜味和淡味之分，看起来应该新鲜而洁白。可以用在烘烤类、热菜类，或者在其他需要椰子风味的菜肴中使用。

4. 葡萄干

葡萄干可以在米饭和蒸粗麦粉菜肴、沙拉、蛋糕、布丁以及酸辣酱中使用。无籽红葡萄干味道非常甘甜，很受欢迎。更大一些的黑色马纽卡葡萄干，其风味更加醇厚。

蔓越莓干

椰子片

葡萄干

5. 李子干

李子干

李子干是指经过干燥处理后的李子，一些李子干需要在使用之前浸泡。李子干可以加入咸香风味的菜肴中、甜点中以及烩水果里。

6. 木瓜干

粉色木瓜条或者木瓜块通常都会加上糖；而不加糖的木瓜干更耐嚼，但是味道也会更加强烈。木瓜干可以对蛋糕类和松饼类形成很好的补充。

7. 杧果干

呈橙色的片状、条状以及大块状的杧果干，有着充满活力的风味和耐嚼的质地。可以用来制作蛋糕、茶点、酸辣酱以及果酱等。

8. 香蕉干

乳脂状的金色香蕉片，通常会覆盖一层糖或者蜂蜜，爽脆可口。褐色并带有黏性的更长一些的香蕉干，非常适合用来制作茶点面包、舒芙蕾和冬季水果沙拉等。松脆的香蕉干还可以添加到什锦麦片中，或者直接作为零食享用。

木瓜干

杧果干

香蕉干

【模块测验】

1. 常见的蔬菜、果品类原料有哪些？
2. 如何对蔬菜、果品类原料进行品质鉴别？
3. 常见的蔬菜烹调方法有哪些？
4. 如何保管蔬菜和果品？

模块七

蛋乳类原料

知识目标

❶ 掌握蛋乳类原料的概念。
❷ 了解蛋乳类原料的特点。
❸ 掌握蛋乳类原料的分类情况。
❹ 了解蛋乳类原料的保管方法。

能力目标

❶ 能科学、完整地描述蛋乳类原料的概念。
❷ 能讲述蛋乳类原料的发展情况。
❸ 能熟练地对蛋乳类原料进行分类。
❹ 会很好地保管蛋乳类原料。

项目一
蛋类

【项目描述】

本项目主要是学习蛋类原料相关知识内容，为进一步学习西餐烹饪奠定基础。

任务1 蛋类概述

【任务导入】

1. 蛋类在人们日常生活中的地位如何？
2. 如何对蛋类进行品质鉴别？
3. 蛋类的烹饪用途有哪些？
4. 如何对蛋类进行保鲜？

【知识储备】

禽蛋是指雌禽为了繁衍后代排出体外的卵，与其他动物卵的区别在于具有蛋壳、蛋清、蛋黄三大特殊结构，包括鸡蛋、鸭蛋、鹅蛋、鸽蛋、鹌鹑蛋等。这些蛋的结构基本相似，化学组成大同小异。蛋类一直以来都是一种非常重要的食材，作为一种风味柔和、使用广泛的原材料，蛋类在烘焙、各种面糊和少司中被大量使用，同时也作为一种主要原材料用来制作菜肴，例如蛋卷等。

一、蛋类的结构

禽蛋主要由蛋壳、蛋清和蛋黄三部分构成。

二、蛋类的烹饪用途

在禽蛋中以鸡蛋的用途最为广泛，可整用，也可将蛋黄、蛋清分开用，或将蛋清、蛋黄搅匀用；可生用，也可熟用；可作主料，也可作辅料，在调制蛋泡糊、蛋清糊、全蛋糊、蛋黄糊、蛋清浆及羹汤勾芡、拍粉沾料等方面应用广泛。此外，鸡蛋还可用在肉糜加工、菜肴点缀及面点制作中。

三、蛋类的品质鉴别

鲜蛋的鉴别方法有感官鉴别法、光照透视鉴别法、相对密度鉴定法等。

感官鉴别法主要凭检验人员的技术经验来判断，靠眼看、耳听、手摸、鼻嗅等方法，从外观来鉴别蛋的质量。

光照透视鉴别法是采用灯光透视法对鲜蛋逐个进行鉴别，称作“照蛋”。禽蛋蛋壳具有透光性，由于蛋内容物发生变化形成不同的质量状况，在灯光透视下，可观察蛋壳、气室高度、蛋清、蛋黄、系带和胚胎状况，对蛋的品质做出综合评定。该法准确、快速、简便。

相对密度鉴定法是利用蛋的新鲜程度降低后，蛋内水分蒸发，气室扩大，内容物质量减轻的变化，在一定相对密度的盐水溶液中观察其沉浮情况来鉴别蛋的新鲜程度。

四、蛋类的保鲜和贮藏

引起蛋类腐败变质的因素是温度、湿度和蛋壳上的气孔及蛋内的酶。所以保管蛋品时，必须设法闭塞蛋壳上的气孔，防止微生物侵入，并保持适当的温度、湿度，以抵制蛋内酶的作用。

鲜蛋的保管方法很多，餐饮业主要采用冷藏法。利用冷藏环境中的低温抑制微生物的生长繁殖和蛋内酶的活性，延缓蛋内的生化变化，以保持鲜蛋的营养价值和鲜度。由于蛋纵轴耐压力较横轴强，鲜蛋冷藏时应纵向排列且最好大头向上。此外，蛋能吸收异味，尽可能不与鱼类等有异味的原料同室冷藏。

鲜蛋在冷藏期间，室内温度低可以延缓蛋的变化。但温度过低也会造成蛋的内容物冻结，并且膨胀而使蛋壳破裂。根据实际情况，温度一般控制在0℃左右合适，最低不得低于−2℃，相对湿度为82%～87%。在冷藏期间，要特别注意控制和调节温度、湿度，温度忽高忽低，会增加细菌的繁殖速度或使盛器受潮而影响蛋的品质。

冷藏虽然比其他保藏方法好，但时间不宜过长，否则同样会使蛋变质。一般在春、冬季，蛋可贮存 4 个月；在夏、秋季，蛋最多不超过 4 个月就要出库。

此外，还有利用不溶性沉积物质堵塞蛋壳气孔的保藏法，多采用石灰水或水玻璃（又名泡花碱）浸渍，也可用液体石蜡、聚乙烯醇等涂膜保藏。

任务2 常见的蛋类

【任务导入】

1. 西餐中常用蛋类的品种有哪些？
2. 常见蛋类的食用方法有哪些？

【知识储备】

1. 鸡蛋

鸡蛋是母鸡所产的卵。鸡蛋里含量最高的营养物质是蛋白质。鸡蛋是一种风味柔和、使用广泛的食物原料，是世界范围内所有的禽类蛋中所使用最为广泛的蛋。可以制作水波蛋、煮蛋、煎蛋或者是炒蛋等。可以用来制作蛋花汤、蛋白霜、西班牙鸡蛋饼。

鸡蛋

2. 鸵鸟蛋

鸵鸟蛋的平均重量在1.5千克左右，相当于24个鸡蛋，鸵鸟蛋的风味柔和。可以煮、水波或者是炒，要记住，这么大个头的蛋，意味着需要更长的加热烹调时间。

鸵鸟蛋（右）

3. 鹌鹑蛋

鹌鹑蛋娇小易碎、口味鲜美，可以用来制作成开胃小吃，煮熟之后配芹菜盐，或者用来制作成迷你型的苏格兰蛋。

鹌鹑蛋

4. 鸭蛋

鸭蛋比起鸡蛋的个头要大一些，外壳也要厚一些。鸭蛋的蛋黄较大，蛋清内水分也比较多，使其风味非常浓郁。鸭蛋可以用来烘焙，例如制作海绵蛋糕，或者用来制作中式茶点等。

鹅蛋

5. 鹅蛋

鹅蛋的风味非常浓郁，可以炒、煎、水波以及煮等，或者用来制作成一种特色鲜明的海绵蛋糕。

6. 海鸥蛋

黑头鸥所产的蛋十分少见，是英国春天时节的美味佳肴，海鸥蛋是通过有资质的收获者进行收获的。蛋中带有一股淡淡的鱼腥味，在煮熟之后可以搭配芹菜盐一起享用。

海鸥蛋

项目二
乳类及乳制品

【项目描述】

本项目主要是学习乳类及乳制品的相关知识内容，为进一步学习西餐烹饪奠定基础。

任务1 乳类及乳制品概述

【任务导入】

1. 乳类及乳制品的种类有哪些？
2. 乳类及乳制品的烹饪用途有哪些？
3. 如何鉴别乳类及乳制品的品质？
4. 如何对乳类及乳制品进行储存？

【知识储备】

乳是哺乳动物从乳腺中分泌的一种白色或稍带黄色的不透明液体。乳类营养价值高，西餐制作中用量较大，主要使用牛乳。乳制品也称奶制品，是指以生鲜牛（羊）乳及其制品为主要原料，通过一定的加工工艺（如干燥、发酵、浓缩、分离等）进行改制后得到的各种产品。

一、乳类及乳制品种类

人们经过对产乳动物长期的定向选育，育成了专门为人类提供乳品的产乳家畜，所产的乳主要分为牛乳、山羊乳、绵羊乳、水牛乳、牦牛乳、驼乳及马乳，其中以牛乳产量最高。

乳制品的形态多种多样，一般分为液体乳类、乳粉类、干酪类、炼乳类、乳脂类、乳清类以及其他乳制品。

二、乳类及乳制品的烹饪用途

乳制品中的炼乳常作为焙烤食品、糕点和冷饮等食品加工的原料，淡炼乳在烹饪中可用于制作布丁和牛乳蛋糊；甜炼乳在烹饪中可用于制作甜食、布丁、奶油馅饼和蘸料味碟等。奶油是一种高能量食品，具有特殊的乳香，可直接涂抹于面包、糕点上食用，在面点中常作起酥油使用。乳酪可嵌入面包中食用，也可用于调制其他食品，在烹调中用于烤制菜肴或点心。

三、乳类及乳制品的品质检验

1. 鲜乳

鲜乳要求具有其正常的颜色和气味。微红色、灰白色、蓝色均属不正常颜色。咸味、苦味属于乳的不正常气味。要呈均匀的胶态，无沉淀，无凝块，无杂质，微甜。

掺水使乳的密度下降，去乳脂后，乳的密度略有增加，一般用乳稠计测定乳的密度。鲜乳在沸水中不应有凝块或絮片产生，加中性酒精时，不得有絮状物产生。

2. 奶油

正常的奶油呈均匀淡黄色，表面紧密，无霉斑，稠度适中，具奶油特有的纯香味，无异味，无杂质，允许有少量沉淀物。重制奶油呈软粒状，融后透明无沉淀，奶油在面点上应用较多，特别是西餐，也常作为起酥油使用。

3. 乳粉

乳粉应为浅黄色，有光泽，粉状，颗粒均匀一致，无结块，无异味，有消毒乳的纯香味，甜度明显。

4. 酥油

组织细腻晶莹，呈天然黄色，乳香浓郁自然，留香性好，不含水分、食盐，品质稳定，具有较好的可塑性、融合性、稳定性、乳化性、打发性、起酥性、耐烘烤性和可操作性。

5. 乳酪

表皮均匀细薄，切面均匀致密，有小孔，呈白色或浅黄色，有特殊香味，微酸。

四、乳类及乳制品的储存

1. 鲜乳的储存

保存在低温处，但一般不冷冻，5℃左右为宜。鲜乳冷却到13℃，存放12小时仍能保持其新鲜度。

2. 奶油的储存

在常温下一般可保管12个月。

3. 乳粉的储存

在常温下一般可保管12个月，要密封保管。

4. 酥油的储存

在常温下是固态，可保管12个月。

5. 乳酪

放在容器中，用纸封口低温保存。

任务2 常见的乳类及乳制品

【任务导入】

1. 常见的乳类有哪些？
2. 常见的乳制品有哪些？

【知识储备】

一、乳类

1. 牛乳

牛乳为母牛乳腺中分泌的乳汁，牛乳中含有成人体内所需的20种氨基酸，胆固醇含量较低，其中的碳水化合物几乎都是乳糖，有助于婴儿智力发育。

（1）超高温消毒牛乳　是将牛乳加热到138℃，1～2秒钟的时间，这个过程产生“长寿”乳，可以不用放到冰箱内冷藏保存，牛乳中就会带有一股独具一格的熟牛乳滋味。

（2）全脂牛乳　全脂牛乳中含有3.5%的脂肪。有着乳脂状的质地和风味，非常适合用来制作贝夏美少司、卡仕达酱以及烤大米布丁等。

（3）半脱脂牛乳　脂肪含量有所降低，通常是1.7%，这种乳可以代替全脂牛乳。尽管半脱脂牛乳更稀薄一些，但是口感基本相同。可以添加到茶、咖啡中，或者热巧克力饮料中；也可以用来制作面糊、甜点、少司以及汤菜等。

（4）脱脂牛乳　脂肪含量为0.1%～0.3%。比起半脱脂牛乳，脱脂牛乳要稀薄得多，液体呈水质状，乳脂的风味非常淡。可以用来搭配麦片类，或者用来制作饮料等。

2. 绵羊乳

绵羊乳呈亮白色，带有浓郁的坚果风味，绵羊乳中的脂肪和蛋白质含量非常高。可以代替牛乳使用，用绵羊乳制作的酸奶和干酪深受欢迎，如菲达干酪、佩科里诺干酪、洛克福干酪等。

3. 山羊乳

山羊乳呈亮白色，有着淡淡的坚果滋味。山羊乳是天然的同质乳，特别适合于对牛乳过敏的人群。山羊乳可以饮用，也可以代替牛乳在烹调中使用。

二、乳制品

炼乳

1. 炼乳

炼乳中糖的含量为50%，为了能够长期储存，炼乳中添加了足量的糖并经过热处理。甘美的甜味使其成为制作软糖以及香蕉太妃馅饼等甜品的理想材料。

2. 淡乳

通过加热蒸发掉乳中50%的水分，这种浓稠的乳脂般的牛乳，带有一股浓郁的乳脂状的成熟风味。可以用来制作饮料和甜味少司，例如巧克力软糖少司；或者用于甜品中，例如厄瓜多尔的三奶蛋糕等。

3. 淡奶油

淡奶油的脂肪含量为18%，这是一种质地稀薄的奶油，是浇淋用的理想奶油。低含量的脂肪使得淡奶油不适合用来打发或者熬煮，因为这样的方式会让淡奶油结块。

4. 浓奶油

这是非常浓郁的奶油，有着不低于48%的脂肪含量，浓奶油质地浓稠，风味完美。在热菜烹调中是一种高价值的原材料。可以添加到各种少司中，可以用来制作甜味和咸香风味的馅饼和挞类，或者作为一种浓稠的奶油少司浇淋到各种甜品上。

5. 鲜奶油

鲜奶油，也称打发奶油，脂肪含量为30%～40%，这种奶油可以用搅拌器打发成轻柔的蓬松状的质地。可以将打发好的鲜奶油用于装饰甜品，如馅饼、糕点和乳脂松糕，以及蛋糕等。未经打发的鲜奶油，可以作为一种质地轻柔的浇淋奶油使用，可以用来制作水果沙拉、煮水果、巧克力蛋糕、各种挞等。

淡乳

淡奶油

鲜奶油

6. 酸奶油

通过在淡奶油中添加一种乳酸菌制作而成，这种质地浓稠的白色奶油带有一种酸性的风味，脂肪含量为12%～20%，是制作甜食和咸香风味菜肴理想的食材。可以用来制作蘸酱、开胃小吃、煲类菜肴或者干酪蛋糕等。

酸奶油

7. 酸奶

酸奶是一种用途广泛、营养丰富的乳类食品，有着细滑的质地和柔和的酸性风味。它是通过在加热的牛乳中添加乳酸菌进行培养，然后放置在一个温暖的地方进行发酵制作而成的。

酸奶

8. 黄油

黄油是一种柔软的，乳脂状的，可以涂抹的，最好是涂抹到面包上的乳制品。它是通过搅拌奶油直到牛乳脂肪或者“乳脂”形成细滑的包含有80%脂肪的黄色结块，带有细腻而独具一格的奶油风味。

（1）淡味黄油　黄油中不含盐分，这种黄油带有一种温和的、淡淡的甜味，最适合用来烘焙，因为可以精确地控制盐的用量。所以可以用来涂抹到面包上，或者用来作为烹调用油，在制作糕点和蛋糕等甜点时都是最佳选择。

（2）咸味黄油　在黄油中添加1%～2%的盐，这种黄油具有一种淡淡的咸香风味。可用来涂抹到面包上或者作为烹调用油使用，从制作蛋糕到制作蛋卷，是制作甜味和咸香风味菜肴的首选。

黄油

9. 里科塔干酪

这是一种以干酪制作过程命名的干酪，在意大利，里科塔的意思是“加热两次”，因为此种干酪是通过重新加热制作硬质干酪所剩余的乳清而得到的。呈乳白色，带有一点酸味，有着淡雅的柠檬清香。其中有一些里科塔干酪会经过加工和加盐，或者经过烟熏处理。可以用来制作烤意大利面一类的菜肴和奶油类的甜点。

里科塔干酪

10. 马斯卡彭干酪

这种质地细滑而异常香浓的意大利干酪通过加热奶油使其自然地分离或者凝结，在此时乳清被排出。甘美的柠檬味道以及黄油的芳香使其成为制作甜点的最佳材料，同时也是酸味水果的最佳拍档。马斯卡彭干酪是制作著名的意大利甜品——提

马斯卡彭干酪

拉米苏的最关键原料。

11. 奶油干酪

奶油干酪是脂肪含量最高的干酪之一，低脂版的奶油干酪会包含乳清粉，口感会略微有一点颗粒感，适合涂抹到百吉饼、吐司面包或者饼干上。

奶油干酪

12. 丹麦蓝纹干酪

这种蓝纹干酪起源于20世纪初期的丹麦，目前在世界各地都非常流行。有着深蓝紫色的纹理，细滑却松脆而湿润的质地，带有一种刺激的、咸咸的、纯金属的味道和乳脂状的风味。

丹麦蓝纹干酪

13. 切达干酪

切达干酪来自英国西南部，正宗的农家干酪，质地坚硬但却可以弯曲自如，带有泥土的风味和可口的芳香。刚制作好的切达干酪风味柔，如同黄油一般，随着熟化的程度加深，风味得到了强化，其质地也变得越来越坚硬。切达干酪通常会用来制作三明治，也非常适合用来制作各种少司，制作烤土豆，用来制作焗的各种蔬菜类菜肴，或者用来铁扒。

切达干酪

14. 马苏里拉乳酪

马苏里拉乳酪，是意大利产的一种淡味乳酪，马苏里拉在意大利被称为“乳酪之花”，因为质地潮润香滑，适合制作糕点，最常见的是撒在比萨上。

马苏里拉乳酪

【模块检测】

1. 如何保存乳制品？
2. 常见的乳制品有哪些，各有什么特点？
3. 如何有效地对乳类及乳制品进行品质鉴别？

模块八

调辅原料

知识目标

❶ 掌握调辅原料的概念。
❷ 了解调辅原料的特点。
❸ 掌握调辅原料的分类情况。
❹ 了解调辅原料的保管方法。

能力目标

❶ 能科学、完整地描述调辅原料的概念。
❷ 能讲述调辅原料的发展情况。
❸ 能熟练地对调辅原料进行分类。
❹ 会很好地保管调辅原料。

项目一
调味料和辅助料

【项目描述】

本项目主要是学习调味料和辅助料的相关知识内容，为进一步学习西餐烹饪奠定基础。

任务1 调味料

【任务导入】

1. 调味料在人们日常生活中的地位如何？
2. 调味料的概念是什么？
3. 常见的调味料有哪些？

【知识储备】

调味料是指在饮食、烹饪和食品加工中广泛应用的，用于调和滋味和气味，并具有去腥、除膻、解腻、增香、增鲜等作用的产品。

一、调味料的分类

根据餐饮行业的特点，将调味料分为基础调味料和复合调味料。其中基础调味料又可以分为咸味料、甜味料、酸味料、鲜味料、酒香料等；复合调味料又可以分为固态复合调味料、液态复合调味料、复合调味酱、专用调味料等。

二、常见的调味料

1. 盐

盐是由氯化钠晶体组成的。大多数的调味盐都是精制的岩盐，它是在地下开采出来的，被研磨成非常细小的颗粒状。

盐

（1）调味盐　厨房里常备的通用性盐，具有简单明了的咸味，这种盐最适合用来在餐桌上作为调味品食用，并且适合于所有菜系的日常烹调。

（2）芹菜盐　是一种有着强烈芹菜风味的盐，采用芹菜籽粉与调味盐混合制作而成。可以用来给汤菜、炖焖类菜肴调味，以及制作其他各种需要新鲜芹菜而又无法得到的菜肴时使用。

（3）蒜盐　这种盐有着浓缩的大蒜风味，由大蒜粉和调味盐混合制成。当没有新鲜大蒜时，可以用来给汤菜、炖焖类菜肴，以及其他菜肴调味使用。

2. 糖

糖一般指蔗糖，是从生长在热带地区的甘蔗中压榨出的汁液中提炼出来的，或者从种植在温带地区的甜菜中提炼出来的。

糖

（1）糖粉　也称之为糖果糖或者粉末糖，这种经过精炼的精细的糖，通常都会加入少量的玉米淀粉，以防止形成结块。可用来装饰蛋糕。

（2）白砂糖　这是一种更加精细的精制砂糖，是烘烤蛋糕、制作司康饼以及浅色饼干时的最好选择。

（3）糖蜜　这种生糖含有大约2%的天然甘蔗糖蜜，有着一股香辛而甜中带苦的特性。可以用在黑色巧克力和姜味蛋糕中，也可以用在圣诞蛋糕和圣诞布丁的制作中。

3. 糖浆

最常见的糖浆是由糖在精炼过程中产生的副产品制作而成的。这种副产品本身在经过提炼之后，可以成为各种各样浓度不一的糖浆。制作糖浆的主料可能来自甘蔗、甜菜或高粱等。

糖浆

（1）黑蜜糖　这是一种非常黏稠的，但是质地仍然会流淌的蜜糖，有着一股强烈风味，类似于糖蜜，但比起糖蜜要更清淡一些。可以用于制作味道浓郁的少司，用来制作糖蜜太妃糖，或者在烘烤姜味蛋糕时使用。

（2）金色糖浆　有着淡淡的焦糖滋味和可以流淌的质地。在制作传统的蜜糖果馅饼、甜燕麦饼以及蒸姜味布丁时，金色糖浆都是一种主要的原材料。

（3）枫叶糖浆　这是一种使用枫树汁制作而成的呈流淌状的糖浆。枫叶糖浆有着独具特色的淡雅的木材芳香和泥土的滋味。颜色越深的枫叶糖浆，其滋味就越浓郁。枫叶糖浆的传统食用方法是配煎薄饼和华夫饼。

蜂蜜

4. 蜂蜜

蜂蜜是蜜蜂酿制的蜜，可以涂抹到面包上食用，或者淋到麦片粥中。也可以用来在加热烹调时代替糖使用，但是其甜度太高，应适量使用。蜂蜜能溶于水中，所以非常适合用来烘焙，因为蜂蜜能让蛋糕保持更长时间的湿润度。

（1）蜂窝蜜　是蜂巢装满蜂蜜之后，被直接从蜂房中取出，并以原始状态进行售卖。可以直接涂抹到面包和饼干上。蜂蜜中会有少量的蜂蜡，所以这种蜂蜜不适合用于加热烹调中。

（2）迷迭香蜜　迷迭香蜜可以在甜食和咸香风味的菜肴中使用，也可以用来制作少司和腌制猪肉、羊肉的腌泡汁。

（3）桉树蜜　这是中等风味浓度的澳大利亚蜂蜜。桉树蜜的颜色根据蜜蜂在不同种类的桉树上所采集的花蜜不同，而颜色各异。尤其适合用来制作烧烤少司搭配小牛肉和羊肉。

5. 辣酱油

根据印度食谱制作而成，使用了凤尾鱼、罗望子、酱油、大蒜以及各种香料，一起熟化之后制作而成，有着刺激性风味的细腻的少司。在传统的英式烹调中使用，还可以用来制作血腥玛丽鸡尾酒。

6. XO少司

一款相对来说较新的少司（在20世纪80年代研发出来的），使用干贝、油、辣椒以及大蒜等制作而成，其质地厚实，呈油质状，有着咸香风味。用来给海鲜和蔬菜类菜肴增添风味。

7. 塔巴斯科辣椒汁

经过熟化之后的红辣椒与醋混合之后制作而成的一种少司，有着一股强烈的辣椒风味和咸香酸的口感。可以用来给汤菜、少司以及炖焖类菜肴增加香味，以及用来制作血腥玛丽鸡尾酒等。

8. 番茄酱

这种以番茄为主料制成的调味品质地浓稠，在经过晃动之后会呈流淌状，有着一股甜酸口味，以及一抹香料的回味。可以搭配汉堡和铁扒类菜肴，或者用来制作各种少司等。

辣酱油

XO少司

塔巴斯科辣椒汁

番茄酱

9. 罗望子酱

在印度菜、泰国菜和中餐中都是一种关键性的原材料。罗望子酱有着一股浓郁的水果风味和扑鼻而来的酸味。在制作甜味菜肴和咸香风味的菜肴时，都可以用来代替柠檬或者醋使用。

10. 青橄榄酱

这种绿色的橄榄酱中有着未成熟橄榄的淡淡的苦涩感。成熟后的橄榄通常会用来制作黑橄榄酱，其滋味会更加浓郁，也更加厚重。这两种橄榄酱均可以作为一种涂抹酱使用，或者用来制作意大利面类菜肴。

11. 哈里萨辣椒酱

一种有着独特香辛滋味的特辣辣椒酱，在北非广泛使用。在其中加入大蒜和香菜来增添风味，有时候也会加入葛缕子调味。可以用来作为一种涂抹酱，涂抹到烤肉类菜肴上，或者用来制作墨西哥香辣肉酱。

12. 麦芽醋

浓郁的酸味中有着一丝焦糖的风味。在西餐中是英式炸鱼、牛肚、甜菜以及其他蔬菜类的传统配菜。可以用来制作泡菜、酸辣酱，或者制作成少司，用于炖焖类菜肴中。

13. 红葡萄酒醋

在浓郁的水果风味中有着非常醇厚的酸度。可以在大部分的烹调方法中使用，包括炖肉类和砂锅类菜肴，红葡萄酒醋也可以在制作油醋少司时作为一种法国风味醋的选择。

14. 雪利酒醋

这是一种在一系列的木桶中经过多年熟化处理之后制作而成的一种醋。在醋里充斥着满满的果脯风味。可以用来制作成一种芳香四溢的沙拉少司，搭配味道浓郁的沙拉。可以用来腌制猪柳，用于原锅烤菜肴。

15. 龙蒿葡萄酒醋

龙蒿葡萄酒醋，如同其他类型的香草醋一样，口味以其所加入的香草为特色。其他所使用的调味香草包括莳萝、牛至、百里香、混合香料、大蒜以及干葱等。这种醋可以用来制作沙拉少司

罗望子酱

青橄榄酱

哈里萨辣椒酱

麦芽醋

红葡萄酒醋

雪莉酒醋

龙蒿葡萄酒醋

酸果汁

咖喱粉

和腌泡汁等。

16. 酸果汁

在制作少司时可以用来倒入锅内，给少司增加亮度，可以加入炖焖类菜肴和砂锅类菜肴中，或者与坚果油一起混合，用来给沙拉少司中增添一种酸酸的味道。

17. 咖喱粉

咖喱粉是由洁净、干燥、完好的香辛料和调味料经研碎、混合后得到的粉状调味料。

任务2 辅助料

【任务导入】

1. 辅助料在人们日常生活中的地位如何？

2. 辅助料的概念是什么？

3. 常见的辅助料有哪些？

【知识储备】

辅助料包括水、淀粉、油脂和食品添加剂等，在烹饪中作为传热介质，或用于保色、增色、调香、增稠等而被广泛应用。

一、辅助料分类

辅助料可以分为生活用水、食用淀粉、食用油脂、食品添加剂等。

二、常见辅助料

1. 橄榄油

橄榄油是所有植物油中独一无二的油脂，因为橄榄油只是简单地将橄榄中的新鲜汁液榨取出来，将水分剔除后制作而成的油脂。橄榄油可以在所有的烹调方式中使用，从铁扒和煎到烤和烘焙。特级初榨橄榄油也是一种风味调味料，可以用来作为调味品或者蘸酱使用。橄榄油可以用来制作汤菜、各种少司以及炖焖类菜肴，在制作菜肴的最后时刻涂抹到铁扒肉类和蔬菜类菜肴上。橄榄油是制作涂抹材料和腌制材料的最好基料，还可以应用到甜味菜肴、面包以及蛋糕的制作中。

橄榄油

2. 杏仁油

这种油有一种甜杏仁的精致味道。可以用来涂刷到铁扒鱼肉、蒸芸豆以及西蓝花上，或者用来制作糖果和烘烤那些使用杏仁制作的糕点和挞等。

3. 开心果油

一种风味浓郁的坚果油，带有独具特色的开心果的芳香和滋味。常用于希腊和中东风味的使用费罗酥皮制作的糕点中，或者在蒸蔬菜时使用。

杏仁油

开心果油

4. 核桃油

核桃油有着香浓的香气和滋味，传统上核桃油用来制作法国沙拉少司。淋洒到成熟之后的蔬菜上，以及用来炒菜等。核桃油中富含多元不饱和脂肪酸，所以一旦开瓶就要放入冰箱内冷藏保存。

核桃油

5. 红棕榈油

这是使用来自亚洲和非洲热带棕榈的果实制作而成的一种坚果油，这种未经提炼的油，颜色来自其所富含的胡萝卜素。这种颜色遇高温会遭到破坏，变成白色。经过提炼的红棕榈油和椰子棕榈油几乎是无味的。传统使用方法是用作加勒比和西非的汤菜和炖菜中，也可以用来给蔬菜调味。

红棕榈油

6. 摩洛哥坚果油

经过略微烘烤所散发出的坚果风味，会让人想起榛子的味道。这种油常用于制作北非炖锅，还可以用来制作沙拉少司。

7. 鳄梨油

鳄梨油有着浓稠而柔软光滑的质地，加上浓郁的果香风味中带有的植物和草本植物的香味。可以用来制作沙拉少司和其他各种少司，也可以用来制作腌料汁、铁扒、炖菜，或者作为一种浸渍油来使用。

8. 玉米油

这种油带有非常清淡的油脂风味，可以在大多数的烹调方法中使用，并且在美国特别受欢迎。这是一种非常好用的煎炸油，也是制作人造黄油的常用原材料。

9. 豆油

从大豆中提炼而出的油，这种油有着非常清淡的油脂风味。可以在大多数的烹调方法中使用，特别是在亚洲和美国，可以用来制作沙拉以及制作人造黄油等。

摩洛哥坚果油

鳄梨油

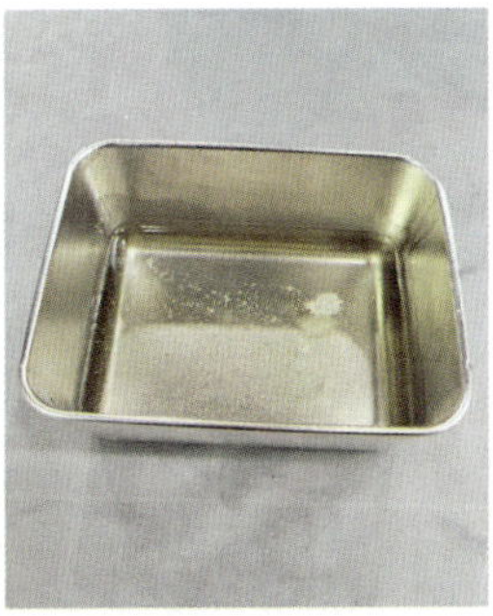

玉米油

10. 芥末油

芥末油

从黑色和棕色的芥菜籽中获取，这种油有着独具一格的气味和一股淡雅的风味，并带有些许热度。在印度烹调中，可以用来代替酥油使用，或者用来制作咸香风味的饼干或者面包等。

11. 龙蒿油

这种油有着浓郁的龙蒿香草的味道和一丝辛辣的姜味。可以与核桃油混合到一起用来制作油醋少司，或者淋洒到鸡肉类菜肴上、蒸胡萝卜上，或者洋蓟上。

12. 白松露油

白松露油

白松露油有着松露的浓郁泥土和木质风味。使用白松露制作而成，这是比较有刺激性的调味油品种。可以简单地配意大利面菜肴和淋洒到铁扒类、炖焖类以及砂锅类菜肴上增添风味。

13. 罗勒油

罗勒油香草的芳香会让人想起香蒜酱的风味。这种油淋到铁扒鸡胸肉和成熟的小牛排上效果非常好。也可以用来给制作简单的番茄和土豆沙拉调味。

14. 黑松露油

黑松露油

黑松露油带有一种独特的泥土和木质香味，但是黑松露比起白松露的刺激风味要低一些。在意大利，大厨们使用黑松露油在低温下煎鸡蛋至半熟，然后摆放到布里欧面包上，再配上煎鸡蛋的油。

15. 蒜油

蒜油带有大蒜的泥土芳香，除不适合在极高的温度下使用之外，可以在所有的烹调方法中使用。非常适合用来制作沙拉少司、腌泡汁以及焗土豆一类的菜肴等。

16. 迷迭香油

浓郁的迷迭香风味中有着辛辣的回味。这种油特别适合羊肉和土豆类菜肴，也可以用来制作咸香风味的燕麦饼干或者干酪和意大利佛夏卡面包等。

17. 食用淀粉

食用淀粉是以谷类、薯类、豆类以及各种可食用植物为原料，通过物理方法提取且未经改性的淀粉（也称原淀粉），或者在淀粉分子上未引入新化学基团且未改变淀粉分子中的糖苷键类型的变性淀粉。食用淀粉按其来源分为谷类淀粉、薯类淀粉、豆类淀粉和其他淀粉四类。

蒜油

迷迭香油

食用淀粉

项目二
香草与香料

【项目描述】

本项目主要是学习香草与香料相关知识内容，为进一步学习西餐烹饪奠定基础。

任务1 香草与香料概述

【任务导入】

1. 香草与香料在人们日常生活中的地位如何？
2. 什么是香草与香料？
3. 香草与香料的功能有哪些？

【知识储备】

香草与香料是指可直接使用的能赋予食品以香、辛、辣等风味的具有赋香、调香、调味功能的天然植物性产品，包括植物果实、种子、花、根、茎、叶、皮或全株。

香草和香料在世界各地的许多烹饪技法中扮演着重要的角色并发挥着决定性的作用。香料可以整个的、粉状的，或者酱状的加入咖喱、炖菜、腌汁和印度烧烤菜肴中，用来增加热量、风味以及芳香气味。

一、香草与香料的加工处理

许多香料在加入菜肴中或者用来制作混合香料和香料酱之前，都需要做一些准备工作。通过拍碎、切割以及研磨等方法，释放出香料中的挥发油和芳香气味。拍碎的大块香料只是用来给菜肴增添风味，因此在菜肴上桌之前要取出来。风味较柔和的香料有时候会切割成小块状，可以作为菜肴的一部分食用，其他的香料应该磨碎、切成薄片，或者切成丝状之后使用。

二、香草与香料的功能

香辛料之所以能促进食欲，是因为各种特有的香气成分使消化器官的黏膜受到强烈刺激，起到刺激中枢神经的作用，促使输送到消化器官的血液增多，消化液分泌旺盛，从而促进食欲并改善消化。与此同时，也促进了肠道的蠕动，使营养更好地被吸收。刺激中枢神经能使血液畅通，在寒冷季节能使身体暖和，辣椒常用于此目的。

三、香草与香料的分类

香草与香料按照呈味特点来分，可以分为浓香型、辛辣型和淡香型三大类。浓香型的香草与香料有丁香、八角茴香、小豆蔻、小茴香、牛至、龙蒿、百里香、肉豆蔻、芹菜籽、芫荽、莳萝、甜罗勒等；辛辣型的香草与香料有大蒜、白欧芥、白胡椒、洋葱、韭葱、辣椒、辣根、薄荷等，淡香型的香草与香料有九里香、山柰、月桂叶、石榴、甘牛至、香旱芹、豆蔻、欧芹、姜黄、香荚兰、迷迭香等。

四、香草与香料的品质鉴别

1. 看形状、大小

形状是指干燥香草与香料的形态，香草与香料的形状有卵形、圆柱形、长圆柱形等。大小是指香草与香料的长短、粗细和厚度。从形状、大小上鉴别优劣，一般以粗长、形状均匀、块大者为佳。

2. 看表面

表面是指香草与香料的最外层或刀切面的部分，按颜色、光泽、纹理、表面特征观察，看表面时有的要刷或洗去灰尘、泥土，并在光线较强处查看，如牛膝表面呈灰黄色或淡棕色，有细微纵皱纹，横长皮孔及稀疏的细根，以表面皮细、无分支、色黄者为佳。

3. 嗅气、尝味

嗅气时可直接嗅闻或在折断、揉搓后立即进行，有时可用热水湿润后检查，一般可感觉到香草与香料固有的气味，固有气味浓者为佳。尝味时宜先用舌尖舔舔，必要时再咬下少许咀嚼，注意体会各种味道出现的次序和强度。

任务2 常见的香草与香料

【任务导入】

1. 常见的香草品种有哪些，举例说明烹饪用途?
2. 常见的香料品种有哪些，举例说明烹饪用途?

【知识储备】

1. 金合欢子

绿色的未成熟的金合欢子在干燥之后，经过烘烤，以及研磨成粉末状之后，会变成一种深褐色的粉末。其风味带有一些咖啡和烘烤后的榛子风味，以及一丝巧克力的味道。

金合欢子

2. 白色或黄色芥末籽

沙黄色的欧洲芥末籽比在日本使用的东方品种的芥末籽个头要大一些，在西餐烹调中，整粒的白色芥末籽主要用于制作泡菜和腌制，以及是制作腌汁时使用的香料。

3. 辣椒

辣椒现如今是世界上使用量最大的香料作物。

（1）卡宴辣椒　卡宴辣椒在成熟之后，形状细长，并呈椭圆形和亮红色。世界各地都有种植，其风味呈酸性，略微的烟熏味道和特辣的口感。

（2）米拉索辣椒　一种深受欢迎的秘鲁辣椒品种，米拉索辣椒在墨西哥也有出品，其干制后的辣椒称之为瓜基洛，非常适合搭配肉类、豆类以及蔬菜类菜肴。

（3）卡斯卡贝尔辣椒　在经过烘烤之后，卡斯卡贝尔辣椒呈微酸的烟熏风味和令人舒适的坚果风味。辣度为中度，在经过烘烤并与番茄或者树番茄混合好之后，可以制作成莎莎酱，或者掰碎后用于炖菜中。

白色芥末籽

黄色芥末籽

辣椒

4. 葛缕子

葛缕子是伞形科、葛缕子属多年生草本植物。葛缕子被广泛地用在面包、蛋糕以及烘烤水果中，将葛缕子粘上糖可以制作成葛缕子果脯。目前可以用葛缕子精油制成利口酒，例如阿夸威特利口酒和库梅尔利口酒等。

葛缕子

5. 肉桂

真正的肉桂是斯里兰卡土生土长的特产，干的条形肉桂皮是向另一侧卷曲，形成了一个鹅毛笔状的造型，其树皮内侧的小块连同刨花状的树皮，不足以卷曲成条状的肉桂皮，而主要用来制作成肉桂粉。肉桂的细腻风味非常适合各种甜品和香料面包以及蛋糕的制作中。可以用来制作苹果派或者用来烤苹果，以及加入红酒中用来煮梨等。

肉桂

6. 香菜籽

成熟后的香菜籽带有一股甘美的树木般的芳香风味，并带有胡椒和花香的回味。其口感甘美、圆润，柔和中带有一丝橙皮的清新风味。

香菜籽

7. 小茴香籽

小茴香籽是一种小型的伞状的草本植物的种子，椭圆形的小茴香籽的气味强烈而浓厚，刺激的辛辣芳香的风味挥之不去，其风味浓郁，略带苦感，带有泥土的芳香以及温和却持久的刺激风味。黑色的小茴香是十分昂贵的小茴香品种，生长在克什米尔、巴基斯坦北部以及伊朗等地。

8. 荷兰芹

荷兰芹是一种应用范围广泛的耐寒两年生植物，原产地在地中海东部地区。现在，荷兰芹在大多数温带地区都有栽培。荷兰芹被当作调味料来使用，在烹饪快结束时，加入切碎的荷兰芹，可为菜肴带来清新的风味。

9. 甜罗勒

甜罗勒又称作热那亚罗勒，这种植物有明亮光滑的绿色大叶子，开小花。适合所有的西方料

小茴香籽

荷兰芹

甜罗勒

理，罗勒最适合做成青酱、蔬菜蒜泥浓汤和番茄沙拉。与大蒜搭配起来，风味绝佳。

月桂叶

10. 月桂叶

月桂叶别名香叶、香桂叶、桂叶、天竺桂等。月桂叶要烹调很久才能释放出它的风味，所以多半用在汤品、炖菜、酱汁、卤汁和腌渍物中。要烹制鸭肉酱和陶锅肉之前，先放1～2片月桂叶再烤。炖鱼也可以加点月桂叶或在烤鱼前在鱼肚子里塞入月桂、柠檬和茴香。

香蜂草

11. 香蜂草

香蜂草是多年生植物，原产地在南欧与西亚，现在所有温带地区都有人工栽培的香蜂草。香蜂草可以用来调制酱料、填馅、制作卤汁或莎莎酱，制作蔬菜或番茄沙拉时，可以撕碎香蜂草的嫩叶放进去。

12. 黑种草子

黑种草子没有过于浓烈的芳香气味，当摩擦其绿色的叶子时，其风味有点类似于温和的牛至。可以将黑种草子单独或者与芝麻或者与小茴香一起淋撒到面饼、面包卷上，以及咸香风味的糕点上。也非常适合于用来烤土豆和其他根类蔬菜。

13. 百里香

百里香是一种有强烈芳香气味的草本植物，具有浓郁和辛辣刺激的味道和清爽甘甜的香气，常用于法国、意大利、希腊、中东料理中。通常只使用叶片部分，与海鲜、肉类及橙味酱汁十分相配。

14. 香茅

香茅原产于东南亚，现在南美洲、北美洲、澳洲、非洲等地都有种植，叶片细长，形似韭菜，叶干由嫩叶片层层包裹，带有柠檬及柑橘的清香。干香茅通常用开水冲泡成草茶，只有新鲜的香茅可用来烹煮，使用香茅前，应将根部切除及剥去叶的外皮，让叶片散发香味，也可将茎部放入水中煲出叶香。

黑种草子

百里香

香茅

15. 薄荷

薄荷是原产于地中海的紫苏科植物，有清新凉爽的香味，清冽的芳香，提神醒脑，最常用于饮料的调制和甜品的装饰。新鲜薄荷可直接当蔬菜食用，常用于沙拉；干薄荷是肉类、海鲜料理中经常使用的香草，有助于去腥提香。

薄荷

16. 莳萝

莳萝是伞形科、莳萝属一年生草本植物，莳萝茎叶及果实有茴香味，尤以果实较浓。嫩茎叶供作蔬菜食用，果实可提取芳香油。常用于搭配鱼虾贝类，制作北欧名菜干腌挪威三文鱼时也会大量用到莳萝。它还经常与奶油或乳酪一起制作酱汁，像青瓜酸乳酪酱、希腊酸奶酱，莳萝还可以用于泡菜。

莳萝

17. 肉豆蔻

肉豆蔻又名肉果，为肉豆蔻科常绿乔木肉豆蔻的果实。原产于印度尼西亚马鲁古群岛，在热带地区广为栽培。肉豆蔻广泛应用于炖焖类菜肴和绝大多数的鸡蛋类和干酪类菜肴。

肉豆蔻

18. 茴芹籽

茴芹籽的风味比大茴香和八角的风味更加突出，印度厨师会将茴芹籽进行干烤处理，以便在用来制作蔬菜咖喱或者鱼肉咖喱之前，让其芳香的风味得到增强，或者将其在热油中快速地进行炸制，用来给扁豆类菜肴进行装饰。

19. 红胡椒粒

红胡椒粒或者粉色胡椒粒都是成熟后的胡椒，通常都会使用卤水或者醋腌制保存。其籽带有一股柔和、绵长的热辣感。而将其外皮去掉之后，会进行干燥处理，用来制作白胡椒粒。

20. 罗望子

罗望子是从生长在罗望子树上如同豆子一样的豆荚中获取的，原产于东非。其籽娇小、呈带有脊线的椭圆形状，颜色从

茴芹籽

红胡椒粒

罗望子

灰绿色到红褐色不等。在研碎之后，会散发出一股浓郁的、类似于百里香的香气。在加热烹调之前，用来涂抹到鱼肉或者肉类上，或者用酱油和姜一起制作成腌泡汁用来腌制猪肉或者羊肉。

21. 姜黄

姜黄为姜科多年生草本植物姜黄的根状茎。姜黄可作为芳香调味料使用，也是制作咖喱粉的基本原料，并且可用于蜜饯、果脯、腌菜、牛肉干等的上色。

姜黄

【模块检测】

1. 常见的调味料有哪些？举例说明调味料的一些烹饪用途。
2. 常见的辅助料有哪些？举例说明辅助料的烹饪用途。
3. 西餐中常用的香料有哪些？列举一些烹饪用途。
4. 西餐中常用的香草有哪些？列举一些烹饪用途。